高等职业院校新形态教材·大数据系列

MySQL 数据库技术项目化教程

主　编：刘振栋　柏世兵　黄天春

副主编：曹　勇　钟佳杭

电子工业出版社.

Publishing House of Electronics Industry

北京·BEIJING

内 容 简 介

本书共有九个项目,包括项目说明书、MySQL 的安装与配置、数据库的基本操作、数据表的创建与管理、项目数据查询、数据库编程、数据库索引与视图、数据库安全及性能优化、信贷管理系统数据库设计,通过这九个项目实践可以使学生强化和巩固对应的知识。

本书可以作为高等院校软件工程、计算机科学与技术、信息管理等专业的教材,也可作为数据库开发与管理爱好者的参考用书。

图书在版编目(CIP)数据

MySQL 数据库技术项目化教程 / 刘振栋,柏世兵,黄天春主编. —北京:电子工业出版社,2023.6
ISBN 978-7-121-45545-2

Ⅰ. ①M⋯ Ⅱ. ①刘⋯ ②柏⋯ ③黄⋯ Ⅲ. ①SQL 语言—数据库管理系统—教材 Ⅳ. ①TP311.132.3

中国国家版本馆 CIP 数据核字(2023)第 080502 号

责任编辑:王 花
印 刷:北京七彩京通数码快印有限公司
装 订:北京七彩京通数码快印有限公司
出版发行:电子工业出版社
     北京市海淀区万寿路 173 信箱 邮编:100036
开 本:787×1092 1/16 印张:11.5 字数:294.4 千字
版 次:2023 年 6 月第 1 版
印 次:2023 年 6 月第 1 次印刷
定 价:39.00 元

凡所购买电子工业出版社图书有缺损问题,请向购买书店调换。若书店售缺,请与本社发行部联系,联系及邮购电话:(010)88254888,88258888。

质量投诉请发邮件至 zlts@phei.com.cn,盗版侵权举报请发邮件至 dbqq@phei.com.cn。

本书咨询联系方式:(010)88254178,liujie@phei.com.cn。

前　言

当今社会被称为信息时代、移动互联网时代、大数据时代、智能时代等，信息起着极为重要的作用，不但成为人们生产和生活的核心要素，还是决策和智能的来源，人们的一切活动都在生产信息、利用信息、依靠信息。在这种背景下，用于管理信息的数据库（DataBase，DB）成为众多系统（例如信贷管理、企业资源计划、决策支持、客户关系管理、电商平台、物流、在线支付、智能交通、智慧城市等系统）必不可少的组成部分，为它们的正常运行和发挥作用提供最基础的数据支持。

就具体应用而言，由于数据量、访问压力、性能、安全需求、设计者偏好等的不同，使用的数据库也不尽相同。目前主流的数据库管理系统有 Oracle、DB2、SQL Server、MySQL、GBase、MongoDB、Redis、HBase 等，其中，MySQL 由于简单、高效、开源等优点，已成为众多软件系统的首选数据库。

鉴于数据库的基础地位，如何使用数据库技术对数据进行有效的组织、存储、管理、检索与维护已成为软件工程、计算机科学与技术、电子商务、信息管理等相关专业的基础课程或专业必修课程。通过数据库课程的学习，学生能有意识地搜集并利用数据提升工作效率，优化社会资源配置，从而为我国的信息化、数字化、智能化建设贡献自己的力量。

为此，编者结合金融信贷管理平台的开发经验，从"教"与"学"两个角度合理地组织内容，以真实项目"信贷管理系统数据库设计与开发"为主线编写了本书，通过项目案例将MySQL 数据库的知识点串联在一起。

本书具有以下特点。

（1）采用"项目一体化"教学方式，既有教师的讲述，又有学生独立思考、上机操作等内容。

（2）配套资源丰富。本书提供教学大纲、教学课件、电子教案、程序源码等多种教学资源，对重要的知识点和操作方法提供视频讲解，学生可以在线观看和学习。

（3）紧跟时代潮流，注重技术变化。书中包含了 MySQL 最新版本的特性和技术，以便使学生掌握的知识点更贴近岗位的实际需求。

（4）编写本书的教师都具有多年的教学和实际软件开发经验，能够突出重点和难点，激发学生的学习热情。

为方便教学，本书还配有完备的电子教学服务资源，包括：

1. 课程标准
2. 教学课件
3. 教学视频
4. 习题

5. 信贷管理资料

请有需要的教师和学生扫描二维码查看。

本书是校企合作的结果，在编写过程中得到了科大讯飞股份有限公司高教人才事业群的大力支持，在此对他们提供的实验案例和数据表示衷心的感谢。

在编写过程中，编者参阅了大量相关资料，在此一并表示感谢！

由于本书编者水平有限，书中难免会出现一些错误或者表述不准确、不严谨的地方，恳请读者批评指正。如果读者在教材使用中遇到问题，或者要学习更多的内容，请通过电子邮件联系编者，邮箱地址是：8932898@qq.com。

编者

2022 年 11 月

课程标准、习题、信贷管理资料

目　　录

项目一　项目说明书

★ 知识目标
　　（1）了解系统需求分析的相关规范
　　（2）掌握系统功能分析的流程
　　（3）掌握数据库系统设计的方法

★ 技能目标
　　（1）具备系统需求分析能力
　　（2）具备系统功能分析能力
　　（3）具备数据库系统设计能力

★ 素养目标
　　（1）具备软件系统设计职业精神
　　（2）遵守软件系统设计的相关规范

★ 教学重点
　　（1）信贷管理系统需求分析
　　（2）信贷管理系统功能分析
　　（3）信贷管理系统的数据库系统设计

任务一　需求分析

【任务要求】

　　知识要求：掌握需求分析的相关知识。
　　实施要求：根据任务要求撰写技术文档。
　　技术要求：具备系统需求分析以及开发文档撰写技能。

【任务实施】

　　（1）课前，教师发布信贷管理系统需求分析任务书，学生根据任务书查阅相关资料，初步完成项目背景、系统概述、需求分析等相关技术文档的撰写。
　　（2）课上，教师对学生的相关技术文档进行评讲。

（3）课后，学生根据教师点评完善相关技术文档。

【任务知识】

知识 1.1.1　需求分析

需求分析也称为软件需求分析、系统需求分析或需求分析工程等，是开发人员经过深入细致的调研和分析，准确理解用户和项目的功能、性能、可靠性等具体要求，将用户的需求转化为完整的需求定义，从而确定系统功能的过程。

1　目标

需求分析是软件计划阶段的重要活动，也是软件生存周期中的一个重要环节，该阶段主要分析系统在功能上需要"实现什么"，而不考虑如何"实现"。需求分析的目标是把用户提出的"要求"进行分析与整理，形成完整、清晰且规范的文档，确定软件需要实现哪些功能，完成哪些工作。此外，软件的一些非功能性需求（例如软件性能、可靠性、响应时间、可扩展性等）以及与其他软件的关系也是需求分析的目标。

2　原则

为了促进软件研发工作的规范化和科学化，软件领域提出了许多软件开发与说明的方法，例如结构化方法、原型化方法、面向对象方法等。在实际的需求分析工作中，每一种需求分析方法都有独特的思路和表示方式，能满足下面几项基本原则。

（1）侧重表达理解问题的数据域和功能域，数据域包括数据流、数据内容和数据结构等，功能域反映关系的控制处理信息。

（2）能将需求问题分解细化，建立问题层次结构，将复杂问题按具体功能、性能等分解并逐层细化、逐一分析。

（3）能建立分析模型，通过逻辑视图给出目标功能和信息处理的关系，而非实现细节；由系统运行及处理环境确定物理视图，确定处理功能和数据结构的实际表现形式。

3　内容

需求分析的内容是对软件提出的完整、清晰、具体的要求，确定软件必须实现哪些任务，具体分为功能性需求、非功能性需求和设计约束三个方面。

（1）功能性需求

功能性需求即软件必须实现的功能，是软件需求的主体。开发人员需要亲自与用户进行交流，核实用户需求，从软件帮助用户完成事务的角度上充分描述外部行为，形成软件需求规格说明书。

（2）非功能性需求

作为对功能性需求的补充，非功能性需求主要包括对软件性能和运行环境的要求，以及软件设计必须遵循的相关标准和规范、用户界面设计的具体细节、未来可能的扩充方案等。

（3）设计约束

设计约束也称作设计限制条件，通常是对一些设计或实现方案的约束说明。例如，要求待开发软件必须使用 Oracle 数据库系统完成数据管理功能，运行时必须基于 Linux 环境等。

4　过程

需求分析阶段的工作可以分为以下四个过程。

（1）问题识别

问题识别是指从系统角度来理解软件，确定对所开发系统的综合需求，并提出这些需求的实现条件以及应该达到的标准。这些综合需求包括功能需求（做什么）、性能需求（要达到什么指标）、环境需求（机型、操作系统等）、可靠性需求（不发生故障的概率）、安全保密需求、用户界面需求、资源使用需求（软件运行所需要的内存、CPU 等）、软件成本需求、开发进度需求等。

（2）分析与综合

分析与综合是指逐步细化所有的软件功能，找出系统各元素间的联系以及接口特性和设计上的限制，分析它们是否满足需求，剔除不合理部分，增加需要的部分。分析与综合的目的是得出系统的解决方案，给出系统的详细逻辑模型。

（3）制订规格说明书

在需求分析阶段需要编制并提交软件需求规格说明书。

（4）评审

评审是指对功能的正确性、完整性、清晰性以及其他需求给予评价，评审通过才可进行下一阶段的工作，否则要重新进行需求分析。

知识 1.1.2　需求文档编写规范

1　编写方法

在编写文档时，可以根据实际情况选择一种或多种方法。主要的编写方法有以下三种。

（1）用结构化语言或自然语言编写文档。

（2）建立图形化模型，描绘转换过程、系统状态、数据关系、逻辑流以及它们之间的关系。

（3）编写形式化规格说明，通过数学上精确的形式化逻辑语言来定义需求。

2　编写原则

（1）句子应简短完整，具有正确的语法、拼写和标点。

（2）使用的术语应与词汇表中的定义一致。

（3）需求陈述要有一致的样式（例如"系统必须……"或者"用户必须……"）并紧跟一个动作或可观察的结果。

（4）避免使用模糊、主观的术语（例如"界面友好""操作方便"等），减少不确定性。

（5）避免使用比较性词语（例如"提高"），应进行定量说明。

知识 1.1.3　需求规格说明书编写提纲

需求规格说明书是需求分析的结果，有三方面的作用：一是便于用户和开发人员进行理解和交流；二是反映出用户的问题，作为软件开发工作的基础和依据；三是作为确认测试和验收的依据。

需求规格说明书的内容主要包括引言、任务概述、数据描述、功能需求、性能需求、运行需求、运行环境等方面。

（1）引言包括目的、项目背景、术语描述、参考资料等。

（2）任务概述包括目标、用户特点、假定和约束等。

（3）数据描述包括静态数据、动态数据、数据库描述、数据词典、数据采集等。

（4）功能需求包括功能划分、功能描述等。

（5）性能需求包括数据精确度、时间特性、适应性等。

（6）运行需求包括输入/输出要求、数据管理能力要求、故障处理要求及其他专门要求。

（7）运行环境包括硬件设备需求、支持软件、硬件接口、控制方法等。

知识 1.1.4 参考实例——信贷管理系统需求分析

1 项目背景

20 世纪 90 年代末，个人资产和中间业务开始起步。个人消费信贷在很短时间内全面兴起，贷款品种不断丰富，从住房、装修、旅游、汽车、助业、助学、耐用消费品到不指定用途的循环额度贷款等，基本覆盖了居民所有生活性消费项目。随着计算机技术的发展和互联网的普及应用，借贷市场日益繁盛，但却没有一款较为完善的借贷平台。

（1）编写目的

本文档是针对信贷管理系统的软件需求分析报告，编写目的是详细、清晰地描述信贷管理系统的需求，便于软件开发人员进行系统设计。本文档可以作为开发人员开发和编写测试用例的依据，同时也是系统维护的重要参考文档。

阅读此文档的读者可以是系统的用户方负责人、项目经理、系统架构师、系统分析员、程序员、测试人员以及相关的主要技术人员。

（2）参考资料

本文档的编写参考国家标准 GB/T 9385—2008《计算机软件需求说明编制指南》。

2 系统概述

（1）系统背景及目标

针对目前蓬勃发展的贷款业务，为了帮助政府等有关部门更好地了解我国各城市个人信贷的现状，帮助银行等金融机构开发完整的借贷系统并降低信用贷款风险率，我们构建了信贷管理系统。

本系统采用浏览器/服务器（Browser/Server，B/S）模式，方便用户访问以及管理员维护。

（2）用户特点

本系统适合人员：需求分析人员、开发人员、参与选择项目的用户、管理员等。

（3）运行环境

本系统运行的浏览器环境：火狐浏览器、Google Chrome 等主流浏览器。

（4）软件环境

本系统运行的客户端环境：Windows 10 操作系统。

本系统运行的服务端环境：jdk1.8.0_11、hadoop-2.5.0、hive-0.13.1-cdh5.3.6、sqoop-1.4.5-cdh5.3.6、kafka_2.11-0.11.0.2、apache-flume-1.7.0、zookeeper-3.4.5-cdh5.3.6、flink-1.10.3。

3 可行性分析

可行性分析是指通过科学的方法对拟进行的项目进行全面分析，包括项目的经济可行性、技术可行性、操作可行性等，从而判断项目的实际可行性。可行性分析具有预见性、公正性、可靠性、科学性等特点。

（1）经济可行性

信贷管理系统建立在开源框架的基础上，因此可以忽略开发工具的投资成本。SSM 框架是 Spring+SpringMVC+MyBatis 三大框架的整合，节约了编写大量代码的时间以及代码量，使开发人员有更多精力去分析数据分布、调整模型和修改超参数等。此外，通过对用户评论的分析，可以精准把握产品定位并且及时进行调整和修改。通过 Python 机器学习进行信贷分析，可以对网上的海量信息进行预测，提前把握机遇或者避免损失，增强项目实施的稳定性，因此在经济上是完全可行的。

（2）技术可行性

信贷管理系统主要基于 SSM 框架开发，在开发过程中分为三大模块：大数据模块、Java Web 模块和可视化模块。大数据模块主要使用 Hadoop 框架和 Spark 数据分析，是一个开源的基于 Java 语言的打开工具。Java Web 模块主要使用 Spring+SpringMVC+MyBatis 三大框架的整合 SSM 框架，Spring 是一个轻量级的控制反转（Inversion of Control，IoC）和面向切面（Aspect Oriented Programming，AOP）的容器框架；SpringMVC 分离了控制器、模型对象、分派器以及处理程序对象的角色；MyBatis 使用可扩展标记语言（Extensible Markup Language，XML）进行注解和原始映射，将接口和 Java 的 POJOs（Plain Ordinary Java Objects，表示一个数据集合）映射为数据库中的记录。

作为开源项目，Hadoop 框架使用 Java 语言开发，已经发展成为一个相对成熟和完备的大数据处理框架系统。依靠 Hadoop 搭建的大数据集群，可以实现跨集群环境的批量数据处理和数据存储服务。Hadoop 具有高可靠性和高扩展性，通过分布式文件系统、分布式计算框架以及资源管理器的资源调度，能够实现高效率的数据处理，所使用的开发语言主要为 Java 和 Spark，具有成熟稳定的特点，因此本系统在技术上是可行的。

（3）操作可行性

信贷管理系统提供了一套完整的大数据信贷数据分析流程。用户只需要登录平台，提交文本信息到分析模块，之后将数据信息提交到 Java 环境中进行分析即可，分析结果将以动态图表的形式直观地体现出来。本系统设计优先考虑用户的体验感，在操作上是可行的。

4 系统功能分析

信贷管理系统能够通过对信贷数据的分析直观了解各城市的贷款情况、额度情况、利率情况、违约情况等，也可以通过利率预测模块进行利率预测。用户也可以在信贷管理系统上进行信贷申请，由管理员进行审批。

（1）系统概述

本系统的数据处理过程是先从相关网站上下载大量数据并通过 Python 进行数据清洗，然后上传到 HDFS（Hadoop Distributed File System，Hadoop 分布式文件系统）上，之后选取可用数据迁移到数据仓库工具 Hive 中，通过 Spark 连接 Hive 进行数据处理，通过 Flink 连接 Kafka 进行实时数据统计和清理，最后将目标数据存入 MySQL 数据库中，使用 SSM 框架调取数据库数据，进行前后段交互，最后通过 ECharts 实现数据可视化。

（2）数据流分析

通过 Spark 连接 Hive 进行数据预处理并将处理的数据保存在本地，之后由 Java 服务器进行信贷数据分析，同时将所产生的交互数据存储在数据库中，最终展示在前端页面。用户也可以向平台输入数据并进行分析，得到动态的可视化数据分析结果。

（3）功能需求分析

本系统使用的 SSM 框架是为了解决信贷数据分析的问题。

（4）功能概述

本系统分为登录/注册界面、前端用户借贷系统和后台管理系统，系统功能如表 1.1 所示。

表 1.1　系统功能

系统	功能模块	功能要求
登录/注册界面	用户登录	用户能通过注册的账号正常登录
	管理员登录	管理员能通过注册的账号正常登录
	用户注册	用户能成功注册账号
前端用户借贷系统	首页	1. 展示全国 2011—2019 年总贷款人数 2. 展示各省份 2011—2019 年贷款人数 3. 展示各省份信用等级信息 4. 在地图中单击跳转详细信息 5. 详细信息自动翻页
	额度分析	1. 通过 1 分钟的视频让用户快速了解信贷 2. 当年贷款额度分析 3. 分析工作年限与贷款额度的关系 4. 分析住房类型与贷款额度的关系 5. 分析贷款额度与利率的关系 6. 对热度比较高的相关问题进行轮播
	违约分析	1. 分析收入水平与违约的关系 2. 分析工作年限与违约的关系 3. 分析贷款等级与不良贷款的关系 4. 分析贷款目的与违约的关系 5. 分析房屋所有权与违约的关系
	利率分析	1. 分析利率与贷款用途的关系 2. 分析利率与预期次数的关系 3. 分析利率与信用等级的关系 4. 分析利率与收入水平的关系
	贷款申请	1. 填写贷款所需要的信息（身份证号码、姓名、年龄、工作年限、住房类型、贷款金额等） 2. 展示贷款流程 3. 展示常见问题及解决办法 4. 展示近期金融资讯 5. 提供贷款平台的联系方式
后台管理系统	首页	1. 展示平台总用户数、总贷款人数、日用户注册数、日贷款人数等 2. 展示贷款用户中各住房类型所占比例 3. 展示贷款年平均利率 4. 展示年贷款人数 5. 展示平均单笔贷款额度 6. 对相关技术及项目进行介绍
	贷款用户信息	1. 对平台的所有贷款用户信息进行展示及统计 2. 提供增、删、改、查等功能

续表

系统	功能模块	功能要求
后台管理系统	黑名单统计	1. 统计黑名单中各等级占比 2. 统计各省份黑名单人数 3. 统计黑名单用户的贷款目的 4. 统计黑名单用户的工作年限 5. 统计黑名单用户的住房类型
	黑名单信息	1. 对逾期次数大于或等于 3 次的用户进行筛选展示 2. 提供增、删、改、查等功能
	审批通过	对审批通过的用户进行信息展示
	审批驳回	对不符合贷款条件的用户进行信息展示
	管理员	对所有管理员的注册信息进行管理

【任务实战】

根据任务知识，完善信贷管理系统的需求分析，完成表 1.2 所示的信贷管理系统需求分析任务书。

表 1.2　信贷管理系统需求分析任务书

信贷管理系统需求分析任务书			
姓　　名		学　　号	
专　　业		班　　级	
任务要求	1. 课前自行预习任务一中的任务知识 2. 通过线上或线下的形式查阅需求分析的相关资料 3. 完成信贷管理系统的需求分析，并填写在"任务内容"一栏中 4. 制作 PPT，在课堂上对需求分析进行汇报		
任务内容			

任务二 功能分析

【任务要求】

知识要求：掌握功能分析的相关知识。

实施要求：根据任务要求完善信贷管理系统的功能分析。

技能要求：具备系统功能分析和开发文档撰写的技能。

【任务实施】

（1）课前，教师发布信贷管理系统功能分析任务书，学生根据任务书查阅功能分析的相关资料，根据任务知识初步完成功能分析相关技术文档的撰写。

（2）课上，教师对学生的相关技术文档进行评讲。

（3）课后，学生根据教师点评完善信贷管理系统功能分析技术文档。

【任务知识】

知识 1.2.1 功能分析流程

系统的功能分析面向系统开发人员，从抽象的"功能"角度分析系统执行或完成功能的状态，其分析流程如下。

（1）分析客户需求。

（2）确定系统开发过程中有哪些危险性，确定软件安全性要求。

（3）分析系统中的各个配置项。

（4）确定软件配置和硬件配置之间的相关要求，在危险分析的基础上提出软件配置项的安全性要求。

（5）确定操作系统、编程语言和开发环境，验证和确认其安全性和可靠性。

（6）确定非开发软件配置项。

（7）形成软件系统设计说明。

知识 1.2.2 信贷管理系统功能分析

1 功能结构图

信贷管理系统的功能结构图如图 1.1 所示。

2 核心功能描述

（1）基础管理

"基础管理"主要对组织机构、人员账号、系统角色和权限进行管理。

（2）参数设置

"参数设置"主要对数据字典、文档模板、评分表模板、流程配置、计息参数等进行管理和设置。

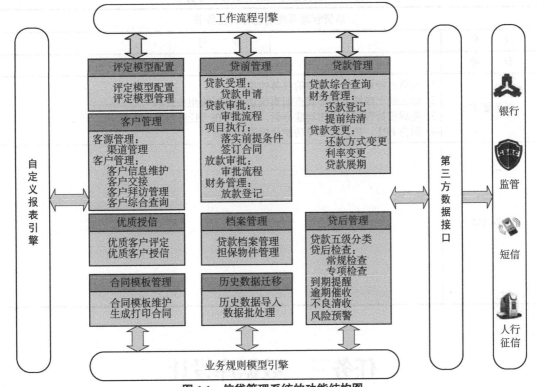

图1.1 信贷管理系统的功能结构图

（3）客户管理

"客户管理"主要对个人客户和企业客户的信息进行管理，同时进行客户经理发生变化时的移交管理。

（4）贷前管理

"贷前管理"包括贷款受理、贷款审批、项目执行、放款审批、财务管理等环节。

（5）贷后管理

"贷后管理"包括贷款五级分类、贷后检查、到期提醒、逾期催收、不良清收、风险预警等环节。

（6）统计报表

"统计报表"包括贷款余额统计表、贷款利息收回统计表、贷款本金收回统计表、贷款时点、日均及平均利率统计表等报表。

（7）预警提醒

"预警提醒"包括到期提醒、收息提醒、预期提醒、欠息提醒等功能。

【任务实战】

根据任务知识，完善信贷管理系统的功能分析，并完成表1.3所示的信贷管理系统功能分析任务书。

表 1.3　信贷管理系统功能分析任务书

信贷管理系统功能分析任务书			
姓　　名		学　　号	
专　　业		班　　级	
任务要求	1. 课前自行预习任务二中的任务知识 2. 通过线上或线下的形式查阅系统功能分析的相关资料 3. 完成信贷管理系统的功能分析，并填写在"任务内容"一栏中 4. 制作 PPT，在课堂上对功能分析进行汇报		
任务内容			

任务三　数据库设计

【任务要求】

知识要求：掌握数据库设计的相关知识。

实施要求：根据任务要求设计信贷管理系统的概念数据模型，绘制 E-R 图。

技能要求：具备数据库设计和 E-R 图的绘制技能。

【任务实施】

（1）课前，教师发布数据库设计任务书，学生根据任务书查阅数据库设计的相关资料，根据任务知识初步完成信贷管理系统的数据库设计并绘制 E-R 图。

（2）课上，教师对学生的数据库设计和 E-R 图进行评讲。

（3）课后，学生根据教师点评完善信贷管理系统的数据库设计和 E-R 图。

【任务知识】

知识 1.3.1　数据库基础知识

1　数据库的相关概念

数据、数据库、数据库管理系统和数据库系统是与数据库技术密切相关的四个基本概念。

（1）描述事物的符号记录称为数据（Data）。

（2）数据库（DataBase，DB）是长期存储在计算机内的有组织且可共享的大量数据的集合。数据库的数据按一定的数据模型组织、描述和存储，具有较小的冗余度、较高的数据独立性和易扩展性。概括来讲，数据库具有永久存储、有组织、可共享三个基本特点。

（3）数据库管理系统（DataBase Management System，DBMS）和操作系统一样是计算机的基础软件，有以下几个主要功能。

① 数据定义

DBMS 提供数据定义语言（Data Definition Language，DDL），用户通过 DDL 可以对数据对象的组成和结构进行定义。

② 数据组织、存储和管理

DBMS 能分类组织、存储、管理各种数据，包括数据字典、用户数据、数据库的存取路径等，也能提供多种存取方法（例如索引查找、Hash 查找、顺序查找等）来提高存取效率。

③ 数据操纵

DBMS 提供数据操纵语言（Data Manipulation Language，DML），用户可以使用 DML 对数据库中的数据进行插入、修改、删除等操作。

④ 数据库的事务管理和运行管理

数据库在建立、运行和维护时由 DBMS 统一管理和控制，确保事务正确运行以及发生故障后的系统恢复，保证数据的安全性和完整性，以及多用户对数据的并发使用。

⑤ 数据库的建立和维护

数据库的建立和维护功能包括数据库初始数据的输入、转储、恢复以及数据库的重组织、性能监视、分析等功能，这些功能一般由一些实用程序或管理工具完成。

⑥ 其他功能

DBMS 还包括与其他软件的通信以及数据转换等功能。

（4）数据库系统（DataBase System，DBS）是由数据库、数据库管理系统、应用程序和数据库管理员组成的存储、管理、处理、维护数据的系统。

2　数据管理技术的产生和发展

数据管理技术经历了以下三个发展阶段。

（1）人工管理阶段（20 世纪 50 年代中期以前）的特点为：数据不保存、应用程序管理数据、数据不共享、数据不具独立性等。

（2）文件系统阶段（20 世纪 50 年代后期到 60 年代中期）的特点为：数据可以长期保存、数据共享性差、冗余度大、数据独立性差等。

（3）数据库系统阶段（20 世纪 60 年代后期至今）有以下几个特点。

① 数据结构化

数据结构化是数据库的主要特征之一，也是数据库系统和文件系统的本质区别。

② 数据共享性高、冗余度低且易扩充

数据共享可以大大减少数据冗余，节约储存空间，还能避免数据之间的不相容性和不一致性。

③ 数据独立性高

数据独立性分为物理独立性和逻辑独立性。物理独立性是指用户的应用程序和数据库中数据的物理存储是相互独立的，逻辑独立性是指用户的应用程序与数据库的逻辑结构是相互独立的。

④ 数据由数据库管理系统统一管理控制

为了确保数据的正确性和一致性，数据库管理系统提供以下几个方面的数据库控制功能。

● 数据的安全性保护。数据库管理系统能防止不合法使用造成的数据泄密和破坏。

● 数据的完整性检查。数据库管理系统能保证数据的正确性、有效性和相容性。

● 并发控制。当多个用户同时存取或修改数据时，能对并发操作加以控制和协调。

● 数据库恢复。数据库管理系统具备数据恢复功能。

3　常见的数据库术语

以下是一些常用的数据库术语。

（1）数据库：数据表的集合。

（2）数据表：数据的矩阵，一个数据库中的数据表看起来像一个简单的电子表格。

（3）列：列中存储着某种相同类型的数据，例如邮政编码数据。

（4）行：行（也称作数据库记录）存储着一组相关的数据，例如一条用户订阅的数据。

（5）冗余：同一个数据在系统中多次重复出现，降低了性能，但提高了数据的安全性。

（6）主键：主键是唯一的，一个数据表中只能包含一个主键，可以使用主键来查询数据。

（7）外键：用于关联两个数据表。

（8）复合键：复合键（也称作组合键）是数据表中两列或多于两列的组合，使用户能唯一地标识数据表的每一行。

（9）索引：使用索引可快速访问数据表中的特定信息，是对数据表中一列或多列的值进行排序的一种结构，类似于书籍的目录。

（10）参照完整性：参照完整性要求关系中不允许引用不存在的实体，目的是保证数据的一致性。

MySQL 是关系型数据库，这种所谓的"关系型"可以理解为"表格"，一个关系型数据库由一个或多个表格组成，表格包括以下元素。

① 表头（Header）：每一列的名称。

② 列（Column）：相同数据类型的集合。

③ 行（Row）：用来描述某条记录的具体信息。

④ 值（Value）：行的具体信息，每个值必须与该列的数据类型相同。

⑤ 键（Key）：键的值在当前列中具有唯一性。

4　数据库的组成

（1）硬件平台及数据库

硬件平台通常具备足够大的内存，用来存放操作系统、DBMS 的核心模块、数据缓冲区和应用程序等。

（2）软件

软件主要包括数据库管理系统、支持数据库管理系统运行的操作系统、具有数据库接口的高级语言及其编译工具、以数据库管理系统为核心的应用开发工具、为特定应用环境开发的数据库应用系统等。

（3）人员

人员主要包括数据库管理员（DataBase Administrator，DBA）、系统分析员和数据库设计人员、应用程序员以及用户等。

数据库管理员的主要职责包括以下几部分。

① 决定数据库中的信息内容和结构。

② 决定数据库的存储结构和存取策略。

③ 定义数据的安全性要求和完整性约束条件。

④ 保证数据库的正常使用和运行。

⑤ 进行数据库的改进和重组。

知识 1.3.2　数据模型

数据模型（Data Model）是数据特征的抽象，描述了系统的静态特征、动态行为和约束条件等，为数据库系统的信息展示与操作提供抽象框架。

1　数据模型的组成要素

数据模型描述的内容包括三个部分：数据结构、数据操作和数据完整性约束。

（1）数据结构。数据结构主要描述数据的类型、内容、性质以及数据间的联系等。数据结构是数据模型的基础，数据操作和数据完整性约束都建立在数据结构上。

（2）数据操作。数据操作主要描述相应的数据结构上的操作类型和操作方式。

（3）数据完整性约束。数据完整性约束主要描述数据结构内数据间的语法、词义联系、制约和依存关系、数据动态变化的规则等。

2　数据模型的类型

数据模型按不同的应用层次可以分成三类：概念数据模型、逻辑数据模型和物理数据模型。

（1）概念数据模型

概念数据模型（Conceptual Data Model，CDM）是一种面向用户、面向客观世界的模型，主要用来描述世界的概念化结构。设计人员在设计的初始阶段通过概念数据模型摆脱计算机系统及 DBMS 的具体技术问题，集中精力分析数据以及数据之间的联系，与具体的 DBMS 无关。概念数据模型必须转换成逻辑数据模型才能在 DBMS 中实现，常用的有 E-R 模型、扩充的 E-R 模型、面向对象模型、谓词模型等。

（2）逻辑数据模型

逻辑数据模型（Logical Data Model，LDM）是一种面向数据库系统的模型，是具体的DBMS 支持的数据模型，例如网状数据模型（Network Data Model）、层次数据模型（Hierarchical Data Model）等。逻辑数据模型既要面向用户，又要面向系统，主要用于 DBMS 的实现。

（3）物理数据模型

物理数据模型（Physical Data Model，PDM）是一种面向计算机物理表示的模型，用于描述数据在存储介质上的组织结构，不仅与具体的 DBMS 有关，还与操作系统和硬件有关。每一种逻辑数据模型在实现时都有对应的物理数据模型。为了保证数据的独立性与可移植性，大部分物理数据模型的实现由系统自动完成，设计者只需要设计索引、聚集等特殊结构。

3　物理数据模型概述

（1）物理数据模型的功能

物理数据模型的目标是为一个给定的概念数据模型或逻辑数据模型选取一个最适合应用要求的物理结构。物理数据模型主要有以下几种功能。

① 将数据库的物理设计结果从一种数据库移植到另一种数据库。

② 通过逆向工程将已经存在的数据库物理结构重新生成物理数据模型。

③ 定制生成标准的模型报告。

④ 转换为概念数据模型、逻辑数据模型、面向对象模型等，完成多种数据库的物理结构设计，生成数据库对象的 SQL 脚本。

（2）物理数据模型的组成

物理数据模型中涉及的概念主要包括表、元组、列、主键、候选键、外键、域等，分别和概念数据模型中的实体、关系、属性、主标识符、候选标识符、联系、域等相对应。除此之外，物理数据模型中还有参照、索引、视图、触发器、存储过程、存储函数等对象。

① 实体

实体是指客观存在并可相互区别的对象或事物，可以是人，也可以是抽象的概念。在信贷业务处理过程中，"抵押物""信贷项目""信贷客户"等都属于实体，同一类实体的集合称为实体集。

② 关系

关系是规范化的二维表格中行的集合，一个关系就是一张二维表。经常将关系简称为表，如表 1.4 和表 1.5 所示。

表 1.4　客户信息表

序号	客户名称	客户性质	客户类型	客户行业	客户规模	信用等级	备注
1	甲公司	企业	担保人潜在客户	农林牧渔	小型企业	未评	到访公司
2	乙公司	企业	事业单位	小型企业	未评	电话咨询
3	丙公司	企业	私营企业	个体工商户	黑名单	王五发掘
4	丁二	个人	事业单位	其他	AA	李四的客户
5	张三	个人	板材	个人	A	李四的客户

表 1.5　借款信息表

客户名称	贷款合同号	借据编号	贷款品种	贷款金额	贷款余额	贷款发放日	贷款到期日	贷款状态
张三	ht00001	jj0001	工薪贷	100000.00	0.00	2021-1-14	2021-12-13	结清
李四	ht00002	jj0002	工薪贷	100000.00	0.00	2021-1-14	2021-12-13	结清
王五	ht00003	jj0003	工薪贷	100000.00	0.00	2021-1-14	2021-12-13	结清

③ 元组

二维表中的一行称为元组，一张二维表由多个元组组成，表中不允许出现重复的元组。

④ 属性

二维表中的一列称为一个属性，也称为字段、数据项或列。例如表 1.4 中有 8 列，即有 8 个字段，分别为序号、客户名称、客户性质、客户类型、客户行业、客户规模、信用等级、备注。属性值指属性的取值，每个属性的取值范围称为其对应的值域。

⑤域

域是属性值的取值范围，例如表1.4中客户性质的取值范围是"企业"或"个人"，信用等级的取值范围是"A""AA""黑名单""未评"等。

⑥候选键

候选键（Alternate Key，AK）也称为候选码，能够唯一确定一个元组的属性。一张二维表中可能会存在多个候选键，例如表1.4中的序号属性能唯一确定表中的每一行，是客户信息表的候选键。

⑦主键

主键（Primary Key，PK）也称为主关键字或主码。一张二维表中可能存在多个候选键，选定其中的一个用来唯一标识表中的每一行，这个被选中的候选键称为主键，例如表1.4可以选择序号为主键。一般情况下，应选择属性值简单、长度较短、便于比较的属性作为主键。

⑧外键

外键（Foreign Key，FK）也称为外关键字或外码。外键是指关系中的某个属性（或属性组合），它虽然不是本二维表的主键或只是主键的一部分，却是另外一个关系的主键，该属性称为本二维表的外键。

4　数据库系统的三级模式结构

数据库系统由外模式、模式和内模式三级组成。

（1）外模式

外模式也称为用户模式或子模式，是数据库用户能看见和使用的局部数据的逻辑结构和特征的描述。外模式是数据库用户的数据视图，与某一个具体应用有关。一个数据库可以有多个外模式。

（2）模式

模式也称为逻辑模式，是数据库中全体数据的逻辑结构和特征的描述，是所有用户的公用数据视图。一个数据库只有一个模式，模式与具体的数据值无关，也与具体的应用程序和开发工具无关。

（3）内模式

内模式也称为存储模式，是数据物理结构和存储结构的描述。内模式是数据在数据库内部的保存方式，一个数据库只有一个内模式。

知识 1.3.3　数据库设计

数据库是数据共享系统的核心和基础，信贷管理系统主要采用的是关系型数据库管理系统 MySQL。设计思路是先根据分析阶段提出的数据原始信息结构设计出概念数据模型，再转化为对应的逻辑数据模型，从而设计出物理数据模型。数据是一切系统设计的根本，影响着系统的质量，良好的数据库设计能覆盖用户的实际需求。只有将数据库设计的足够完善和详细，才能保证系统的质量达到合格标准。

1　数据库设计的基本原则

设计数据库时要综合考虑多个因素，结合实际情况确定数据表的结构，基本原则有以下几条。

（1）把具有同一个主题的数据存储在一张数据表中，也就是"一表一用"。

（2）尽量消除数据表中的冗余数据，但并不是必须消除所有的冗余数据。有时为了提高访问数据库的速度，可以保留必要的冗余数据，减少数据表之间的连接操作，提高效率。

（3）一般要求数据库设计满足第三范式，因为表中的所有数据元素不但能唯一地被主键标识，而且它们之间相互独立，不存在其他函数关系，最大限度地减少了数据冗余、修改异常、插入异常、删除异常等问题，具有较高的性能，基本满足关系规范化的要求。

在设计数据库时，片面地提高关系的范式等级不一定能产生合理的数据库设计方案。这是因为范式等级越高，存储的数据需要分解为更多的数据表，会涉及多表操作，从而降低访问数据库的速度。从实用角度来看，大多数情况下满足第三范式比较恰当。

（4）关系数据库中的各张数据表之间只能是一对一或一对多关系，多对多关系必须转换为一对多关系来处理。

（5）在设计数据表的结构时，应考虑表结构在未来可能发生的变化，保证表结构的动态适应性。

2 E-R 图

（1）E-R 图的概念

E-R 图也称为实体—联系图（Entity Relationship Diagram），提供了表示实体类型、属性和关系的方法，是描述现实世界关系概念模型的有效方法。E-R 图用矩形表示实体，在矩形内写明实体名称；用椭圆或圆角矩形表示实体的属性，并用实心线段将其与相应关系的实体连接起来；用菱形表示实体之间的联系成因，在菱形内写明联系名称，并用实心线段与有关实体连接起来，同时在实心线段旁标注联系的类型（1:1、1:n 或 $m:n$）。

（2）构图要素

① 实体

一般认为客观上可以相互区分的事物就是实体，实体可以是具体的人和物，也可以是抽象的概念与联系。一个实体能与另一个实体区分开，具有相同属性的实体具有相同的特征和性质，用实体名称及属性名称的集合来抽象和刻画同类实体。

② 属性

一个实体可由若干个属性来刻画，属性不能脱离实体。在 E-R 图中用椭圆表示属性，并用实心线段将其与相应的实体连接起来。

③ 联系

联系也称为关系，反映实体内部或实体之间的关联。实体内部的联系通常是指组成实体的各属性之间的联系，实体之间的联系通常是指不同实体之间的联系。

④ 一般性约束

实体之间的联系存在三种一般性约束：一对一联系（1:1）、一对多联系（1:n）和多对多联系（$m:n$）。

对于两个实体集 A 和 B，若 A 中的每一个值在 B 中最多有一个实体值与之对应，反之亦然，则称实体集 A 和 B 具有一对一联系。例如，一个学校只有一个正校长，而一个校长只在一个学校任职，则学校与校长之间具有一对一联系。

对于两个实体集 A 和 B，若 A 中的每一个值在 B 中有多个实体值与之对应，B 中的每一个实体值在 A 中至多有一个实体值与之对应，则称实体集 A 和 B 具有一对多联系。例如，某校的教师与课程之间存在一对多联系，即每位教师可以教多门课程，但是每门课程只能由一位教师来教；一个专业有若干名学生，每个学生只在一个专业中学习，则专业与学生之间具有一对多联系，如图 1.2 所示。

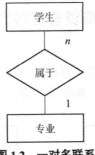

图 1.2　一对多联系

对于两个实体集 A 和 B，若 A 中的每一个实体值在 B 中有多个实体值与之对应，反之亦然，则称实体集 A 与实体集 B 具有多对多联系。例如，学生与课程间的联系是多对多的，即一个学生可以学多门课程，而每门课程也可以有多个学生来学。

联系也可能有属性。例如，学生选修某门课程所取得的成绩既不是学生的属性也不是课程的属性，成绩既依赖于某名特定的学生又依赖于某门特定的课程，是学生与课程之间的联系"选修"的属性，如图 1.3 所示。

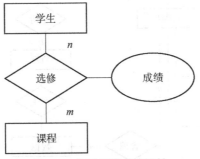

图 1.3　多对多联系的属性

实际上，一对一联系是一对多联系的特例，一对多联系又是多对多联系的特例，即联系是随着数据库语义而改变的。例如，如果一个部门只有一个经理，而每个经理只在一个部门任职，则部门与经理的联系是一对一联系；如果一个员工同时是多个部门的经理，而一个部门只有一个经理，则员工与部门之间的联系是一对多联系；如果一个员工同时在多个部门工作，一个部门也有多个员工在其中工作，则员工与部门的联系是多对多联系。

3　数据库设计工具 PowerDesigner

PowerDesigner 是美国 Sybase 公司的企业建模和设计解决方案，采用模型驱动方法将业务与 IT 技术结合起来，有助于部署有效的企业体系架构，为研发生命周期管理提供强大的分析与设计技术。PowerDesigner 将多种标准数据建模技术集成一体，将 Eclipse、.NET、WorkSpace、PowerBuilder 等主流开发平台集成起来，为传统的软件开发周期管理提供业务分析以及规范的数据库设计解决方案。

PowerDesigner 是能进行数据库设计的强大软件，是开发人员常用的数据库建模工具。使用 PowerDesigner 可以分别从概念数据模型和物理数据模型两个层次对数据库进行设计。

知识 1.3.4　参考实例——信贷管理系统数据库设计

1　系统 E-R 图

本实例以用户需求为依据设计概念数据模型，用 E-R 图表示实体与实体之间的联系，根据对数据管理系统的分析得出信贷管理系统 E-R 图，如图 1.4 所示。

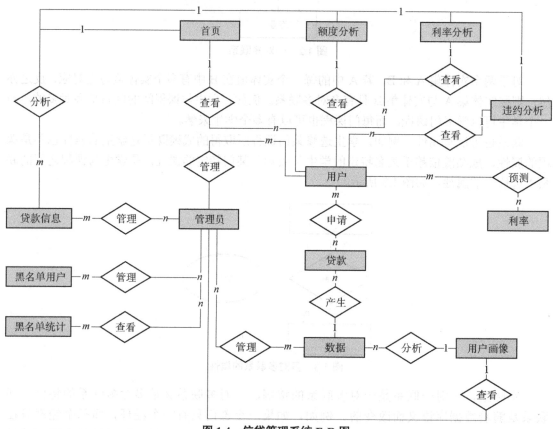

图 1.4　信贷管理系统 E-R 图

2　贷款成功用户表 E-R 图

贷款成功用户表的属性有 id、name（姓名）、phone（手机号码）、loan_amnt（贷款金额）、loan_term（贷款周期）、int_rate（贷款利率）、loan_grade（贷款等级）、emp_length（工作年限）、home_ownership（住房状态）、annual_inc（年收入）、issue_time（贷款时间）、loan_status（贷款状态）、loan_purpose（贷款目的）、inq_last_6mths（近 6 个月逾期次数）、addr_state（贷款地址）等，其 E-R 图如图 1.5 所示。

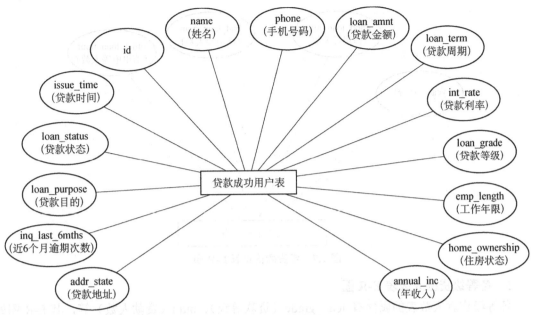

图 1.5 贷款成功用户表 E-R 图

3 各城市/年份贷款信息表 E-R 图

各城市/年份贷款信息表的属性有 id、city（城市）、year（年份）、all_loan_num（贷款人数）、good_loan_num（信用好人数）、bad_loan_num（信用差人数）、other_loan_num（信用中等人数）、loan_amnt（贷款金额）、goods_img（商品图片）等，其 E-R 图如图 1.6 所示。

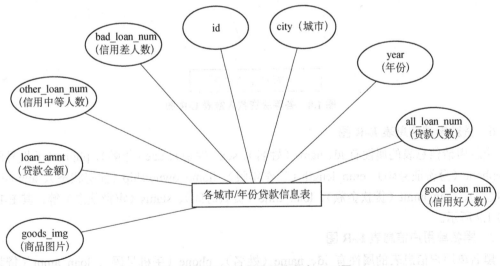

图 1.6 各城市/年份贷款信息表 E-R 图

4 年贷款信息表 E-R 图

年贷款信息表的属性有 year（年份）、good_loan_num（信用好人数）、bad_loan_num（信用差人数）、other_loan_num（信用中等人数）等，其 E-R 图如图 1.7 所示。

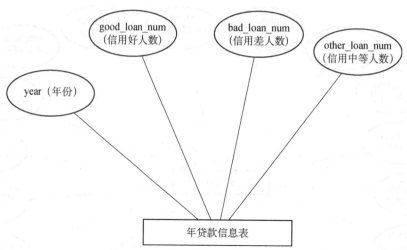

图 1.7 年贷款信息表 E-R 图

5 各等级贷款人数表 E-R 图

各等级贷款人数表的属性有 loan_grade（贷款等级）、num（贷款人数）等，其 E-R 图如图 1.8 所示。

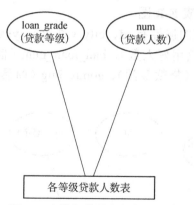

图 1.8 各等级贷款人数表 E-R 图

6 贷款申请信息表 E-R 图

贷款申请信息表的属性有 id、name（姓名）、sex（性别）、age（年龄）、phone（手机号码）、bodyphone（身份证号码）、emp_length（工作年限）、home_ownership（住房状态）、annual_inc（年收入）、loan_amnt（贷款金额）、loan_time（贷款时间）、status（审批状态）等，其 E-R 图如图 1.9 所示。

7 黑名单用户信息表 E-R 图

黑名单用户信息表的属性有 id、name（姓名）、phone（手机号码）、loan_amnt（贷款金额）、loan_term（贷款周期）、int_rate（贷款利率）、loan_grade（贷款等级）、emp_length（工作年限）、home_ownership（住房状态）、annual_inc（年收入）、loan_purpose（贷款目的）、out_time（逾期次数）、addr_state（贷款地址）等，其 E-R 图如图 1.10 所示。

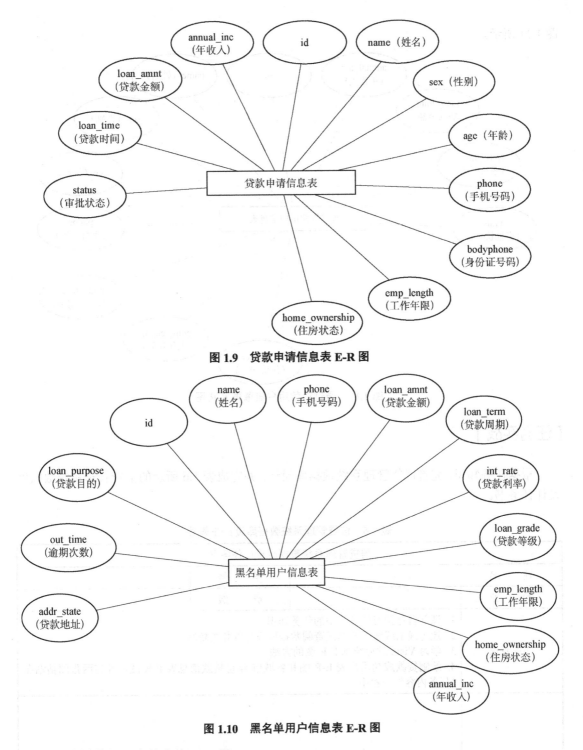

图 1.9　贷款申请信息表 E-R 图

图 1.10　黑名单用户信息表 E-R 图

8　通过贷款用户信息表 E-R 图

通过贷款用户信息表的属性有 id、name（姓名）、sex（性别）、age（年龄）、phone（手机号码）、bodyphone（身份证号码）、emp_length（工作年限）、home_ownership（住房状态）、annual_inc（年收入）、loan_amnt（贷款金额）、pass_time（通过时间）、status（审批状态）等，其 E-R 图如

图 1.11 所示。

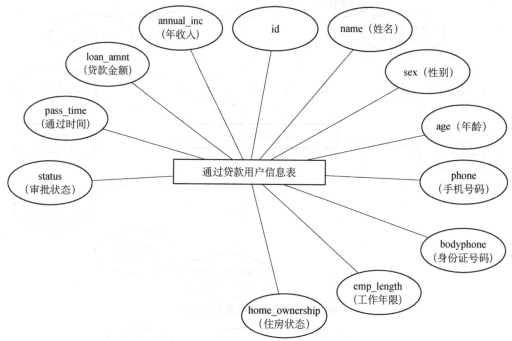

图 1.11　通过贷款用户信息表 E-R 图

【任务实战】

　　根据任务知识，完善信贷管理系统数据库设计，并完成表 1.6 所示的信贷管理系统数据库设计任务书。

表 1.6　信贷管理系统数据库设计任务书

信贷管理系统数据库设计任务书			
姓　　名		学　　号	
专　　业		班　　级	
任务要求	1. 课前自行预习任务三中的任务知识 2. 通过线上或线下的形式查阅数据库设计的相关资料 3. 学习 Visio 软件绘制 E-R 图的方法 4. 绘制贷款成功用户表 E-R 图和各城市/年份贷款信息表 E-R 图，并将两张图粘贴在"任务内容"一栏中		
任务内容			

【项目小结】

项目说明书基于信贷管理系统，对系统的需求分析、功能分析和数据库设计进行分析与讲解，有以下三点主要内容。

1. 基于信贷管理系统进行系统需求分析。
2. 基于信贷管理系统进行系统功能分析与设计。
3. 基于信贷管理系统对数据库系统进行分析与设计。

针对实际工作，我们要有项目整体设计思维，遵循基本的工作方法与基本原则，切实提升以下技能。

1. 熟悉项目的行业背景，分析系统并解决实际问题。
2. 遵循系统功能的分析原则，用好系统功能的分析方法和技巧。
3. 遵循数据库设计技术规范，用好数据库分析、设计的手段和工具。

【提升练习】

一、填空题

1. E-R 图也称为实体—联系图，提供了表示_____、_____和_____的方法，用来描述现实世界的概念模型。

2. 两个不同实体集的联系有_____、_____和_____。

3. 需求分析阶段的工作可以分为四个方面：_____、_____、_____和评审。

4. 需求分析也称为软件需求分析、系统需求分析或需求分析工程等，是开发人员经过深入细致的调研和分析，准确理解用户和项目的_____、_____、可靠性等具体要求。

二、简答题

1. 简述系统需求分析的过程。
2. 简述系统功能分析的过程。
3. 收集整理软件需求和数据库设计规则说明书的模板，分析和总结两者的核心内容与异同点。

项目二　MySQL 的安装与配置

★ 知识目标
　　（1）了解 MySQL 的发行版本
　　（2）掌握 MySQL 的安装方法
　　（3）掌握 MySQL 的基本配置
　　（4）掌握 MySQL 的启动、登录、退出和停止命令

★ 技能目标
　　（1）掌握从网站上下载 MySQL 的方法
　　（2）掌握 MySQL 的安装与配置方法
　　（3）掌握 MySQL 的启动、登录、退出和停止命令

★ 素养目标
　　（1）具备网络安全意识，不随意下载和安装来历不明的软件
　　（2）具备数据和信息的安全意识
　　（3）将 MySQL 强大的生态体系与相关事件联系起来，以积极开放的心态认识世界，树立正确的理想信念，坚定思想意志，努力学习

★ 教学重点
　　（1）MySQL 的安装与配置
　　（2）MySQL 的启动、登录、退出和停止命令

任务一　安装与配置 MySQL

【任务要求】

　　知识要求：了解 MySQL 数据库系统的功能、特点及作用。
　　实施要求：在个人计算机上安装和部署 MySQL 数据库系统。
　　技能要求：具备 MySQL 数据库系统的安装技能。

【任务实施】

　　（1）课前，教师发布 MySQL 数据库系统的相关知识文档，学生根据任务书查阅相

关资料，根据任务知识初步了解 MySQL 数据库系统的功能、特点、作用以及安装过程。

（2）课上，教师对学生的课前预习情况进行抽查，并示范 MySQL 数据库系统的安装及配置过程，学生在个人计算机上完成 MySQL 数据库系统的安装及配置。

（3）课后，学生巩固 MySQL 数据库系统的相关知识。

【任务知识】

知识 2.1.1　MySQL 简介

1　简介

MySQL 是一个关系型数据库管理系统，由瑞典 MySQL AB 公司开发，是最流行的关系型数据库管理系统之一。在 Web 应用方面，MySQL 是最好的关系型数据库管理系统（Relational DataBase Management System，RDBMS）应用软件之一。

MySQL 将数据保存在不同的表中，而不是将所有数据放在一个大仓库内，这样就提高了速度并增加了灵活性。MySQL 使用的 SQL 语言是用于访问数据库的最常用的标准化语言，软件采用了双授权政策，分为社区版和商业版。MySQL 具有体积小、速度快、总体拥有成本低、开放源码等特点，一般作为中小型和大型网站的数据库。

2　应用环境

与其他大型数据库例如 Oracle、DB2、SQL Server 等相比，MySQL 有它的不足之处，但这丝毫没有降低它受欢迎的程度。对于一般的个人使用者和中小型企业来说，MySQL 提供的功能绰绰有余，而且是开放源码软件，可以大大降低总体拥有成本。

Linux 操作系统、Apache 或 Nginx Web 服务器、MySQL 数据库、PHP/Perl/Python 服务器端脚本解释器都是免费或开放源码软件，不用花一分钱（除了人工成本）就可以建立起一个稳定、免费的网站系统，被业界称为"LAMP "或"LNMP"组合。

3　系统特性

MySQL 数据库系统具有以下特性。

（1）使用 C 语言和 C++语言编写，使用了多种编译器进行测试，保证了源代码的可移植性。

（2）支持 AIX、FreeBSD、HP-UX、Linux、Mac OS、Novell Netware、OpenBSD、OS/2 Wrap、Solaris、Windows 等多种操作系统。

（3）为多种编程语言提供了应用程序接口（Application Programming Interface，API），这些编程语言包括 C、C++、Python、Java、Perl、PHP、Eiffel、Ruby、.NET 和 Tcl 等。

（4）支持多线程处理，能充分利用 CPU 资源。

（5）利用优化的 SQL 查询算法有效提高了查询速度。

（6）既能作为单独的程序应用在客户端的服务器网络环境中，也能作为数据库嵌入到其他软件中。

（7）提供多语言支持，常见的编码如中文的 GB2312、Big5，日文的 Shift_JIS 等都可以用作数据表名和数据列名。

（8）提供 TCP/IP、ODBC 和 JDBC 等多种数据库连接途径。

（9）提供用于管理、检查、优化数据库操作的管理工具。

（10）支持拥有上千万条记录的大型数据库。

（11）支持多种存储引擎。

（12）不需要支付额外的费用。

（13）采用了 GPL 协议，可以通过修改源码来开发自己的 MySQL 系统。

（14）提供在线更改功能，支持动态应用程序。

知识 2.1.2　下载 MySQL

在安装与配置 MySQL 前，首先要登录官网下载安装文件，具体步骤如下。

（1）鼠标左键双击计算机桌面或任务栏中的 IE 浏览器图标"@"打开 IE 浏览器窗口。

（2）在 IE 浏览器的地址栏中输入下载网址，按下键盘上的 Enter 键进入 MySQL 下载页面，如图 2.1 所示。

（3）在 MySQL 下载页面中选择下载版本并单击"Download"按钮。

（4）在跳转出的页面中单击"No thanks, just start my download."开始下载软件，如图 2.2 所示。

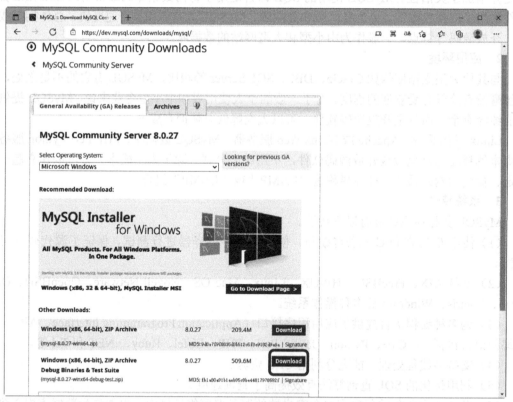

图 2.1　MySQL 下载页面

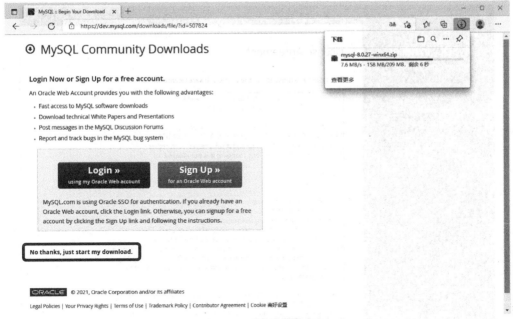

图 2.2　开始下载软件

知识 2.1.3　安装 MySQL

下载完成后即可对该软件进行安装，安装过程如下。

（1）在下载页面中单击"文件夹"图标选择下载文件夹，如图 2.3 所示。

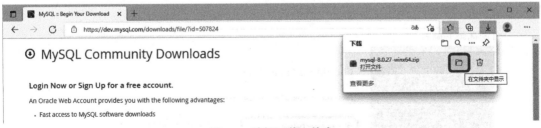

图 2.3　选择下载文件夹

（2）MySQL 的下载文件为压缩包，需要先进行解压到"D:\MySQL"文件夹。

（3）在"D:\MySQL"文件夹中双击图 2.4 所示的 MySQL 安装文件。

mysql8.0.17.0.m
si

图 2.4　MySQL 安装文件

（4）在弹出的"MySQL Installer"窗口中勾选"I accept the license terms"同意安装约束条件，之后单击"Next"按钮，如图 2.5 所示。

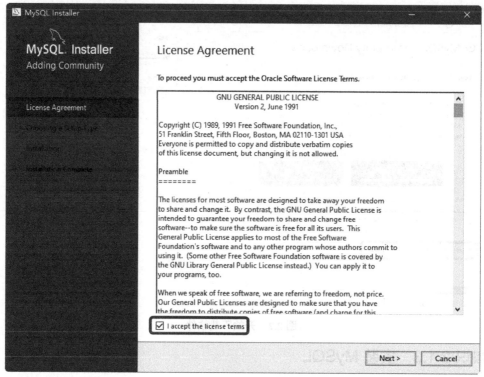

图 2.5　同意安装约束条件

（5）在弹出的"Choosing a Setup Type"窗口中选择"Developer Default"进行默认选项安装，之后单击"Next"按钮，如图 2.6 所示。

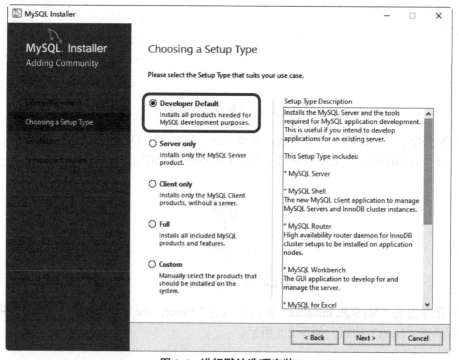

图 2.6　进行默认选项安装

🔖 知识小贴士

图 2.6 中五个安装选择项的含义如下。

Developer Default 表示进行默认选项安装。

Server only 表示服务器安装。

Client only 表示客户端安装。

Full 表示安装所有附带的 MySQL 产品和功能。

Custom 表示手动选择应安装在系统上的产品。

（6）在弹出的"Path Conflicts"窗口中设置文件安装路径，设置完成后单击"Next"按钮，如图 2.7 所示。

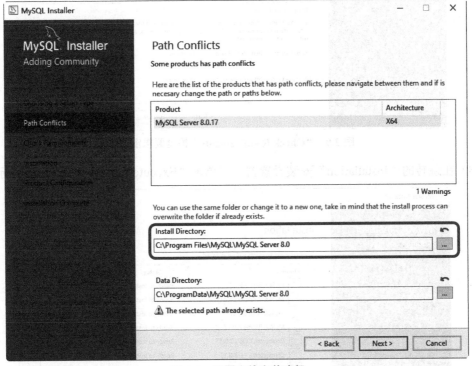

图 2.7　设置文件安装路径

🔖 知识小贴士

设置文件安装路径后单击"Next"按钮会弹出"Warning"对话框，只需要单击"Yes"按钮即可，如图 2.8 所示。

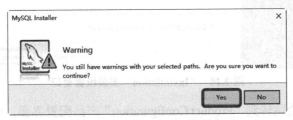

图 2.8　"Warning"对话框

（7）在跳转的"Check Requirements"检查要求窗口中单击"Next"按钮，如图 2.9 所示。

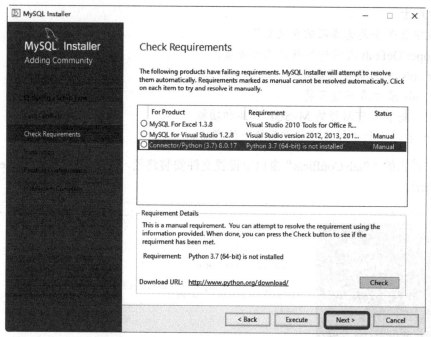

图 2.9 "Check Requirements" 检查要求窗口

（8）在跳转的"Installation"安装设置窗口中单击"Execute"按钮，如图 2.10 所示。

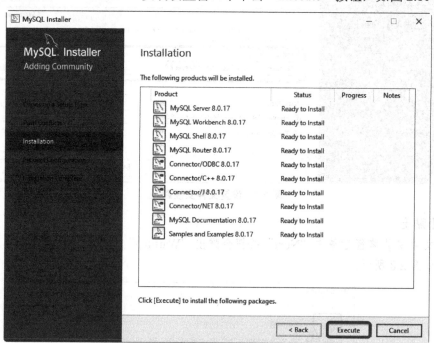

图 2.10 "Installation" 安装设置窗口

（9）执行完成后会跳转到"Product Configuration"产品配置界面，单击"Next"按钮，如图 2.11 所示。

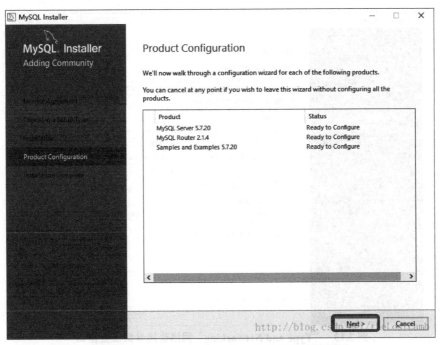

图 2.11　"Product Configuration" 产品配置界面

（10）在跳转的"High Availability"网络类型配置窗口中选择"Standalone MySQL Server/Classic MySQL Replication"，单击"Next"按钮，如图 2.12 所示。

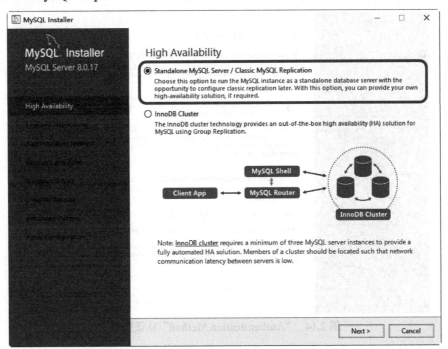

图 2.12　"High Availability" 网络类型配置窗口

（11）在跳转的"Type and Networking"网络连接参数设置窗口中，设置参数为默认值，单击"Next"按钮，如图 2.13 所示。

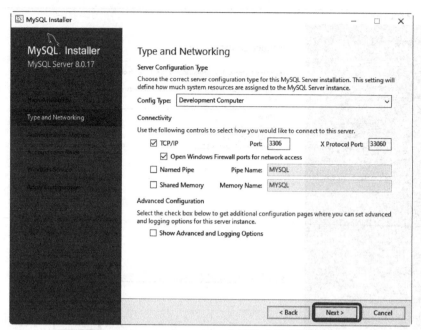

图 2.13 "Type and Networking" 网络连接参数设置窗口

（12）在跳转的 "Authentication Method" 认证窗口中选择默认值，单击 "Next" 按钮，如图 2.14 所示。

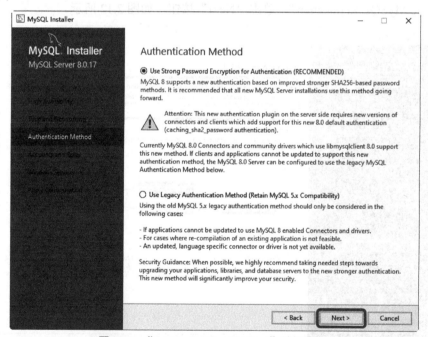

图 2.14 "Authentication Method" 认证窗口

（13）在跳转的 "Accounts and Roles" 创建用户窗口中设置 Root 密码，设置完成后单击 "Next" 按钮，如图 2.15 所示。

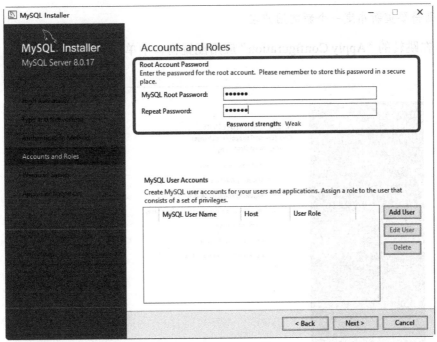

图 2.15　设置 Root 密码

（14）在跳转的"Windows Service"页面窗口中设置参数为默认值，单击"Next"按钮，如图 2.16 所示。

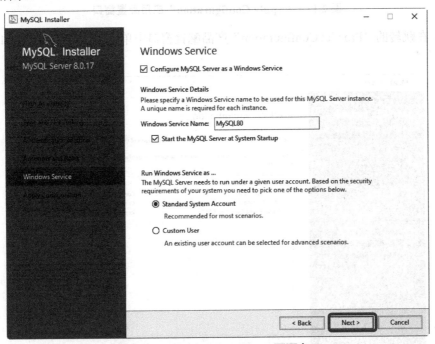

图 2.16　"Windows Service"页面窗口

🖳 知识小贴士

如果图 2.16 所示的"Windows Service"页面窗口中"Windows Service Name"一栏出现

感叹号，则需要重新指定一个新的用户名。

（15）在跳转的"Apply Configuration"应用配置窗口中单击"Execute"按钮，如图 2.17 所示。

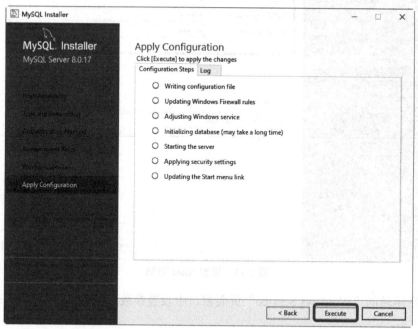

图 2.17　"Apply Configuration"应用配置窗口

（16）在跳转的"Product Configuration"产品配置窗口中单击"Next"按钮，如图 2.18 所示。

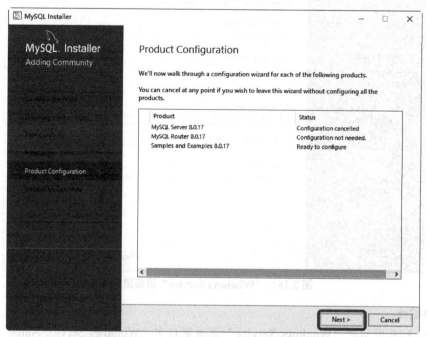

图 2.18　"Product Configuration"产品配置窗口

（17）在跳转的"MySQL Router Configuration"路由配置窗口中，设置参数为默认值。一般情况下不选择安装，直接单击"Finish"按钮即可，如图 2.19 所示。

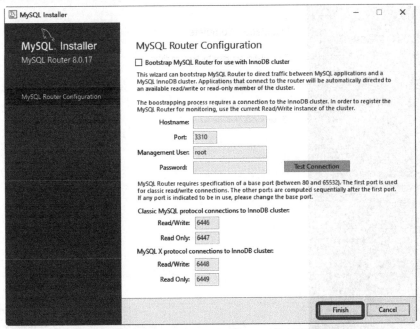

图 2.19　"MySQL Router Configuration"路由配置窗口

（18）在跳转的"Product Configuration"应用配置窗口中单击"Next"按钮，如图 2.20 所示。

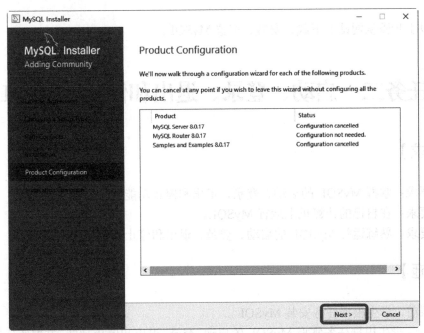

图 2.20　"Product Configuration"应用配置窗口

（19）在跳转的"Installation Complete"安装完成窗口中单击"Finish"按钮，即可完成安装，如图 2.21 所示。

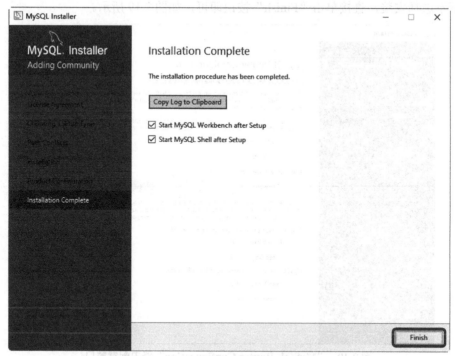

图 2.21 "Installation Complete" 安装完成窗口

【任务实战】

根据以上步骤从网站上下载、安装、配置 MySQL。

任务二 启动、登录、退出和停止 MySQL

【任务要求】

知识要求：掌握 MySQL 的启动、登录、退出和停止功能。
实施要求：在自己的计算机上运行 MySQL。
技能要求：熟练运行 MySQL 的启动、登录、退出和停止命令。

【任务实施】

（1）课前，学生根据任务安装 MySQL 。
（2）课上，学生根据任务掌握 MySQL 的启动、登录、退出和停止功能，并熟练运行 MySQL 的启动、登录、退出和停止命令。
（3）课后，学生巩固 MySQL 数据管理系统的相关知识。

【任务知识】

知识 2.2.1 启动、停止 MySQL

1 启动 MySQL

安装完成后，需要启动 MySQL，用户才能登录和使用数据库。启动 MySQL 有两种方式，一是通过服务管理启动，二是在命令行窗口中启动。

（1）通过服务管理启动 MySQL 的具体步骤如下。

① 鼠标右键单击桌面左下角的"开始"按钮（也可以使用快捷组合键"Win+R"弹出"运行"对话框），选择"执行"命令，在弹出的"运行"对话框中输入"services.msc"，之后单击"确定"按钮，如图 2.22 所示。

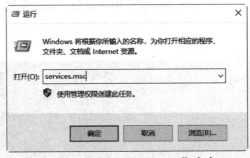

图 2.22 运行"services.msc"命令

② 打开"服务"窗口，在"名称"序列中找到"MySQL8080"（这里的 8080 是端口号），单击左侧出现的"启动"链接，即可启动 MySQL，如图 2.23 所示。

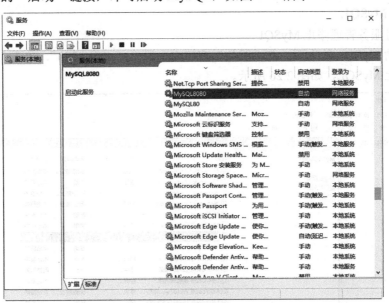

图 2.23 通过服务管理启动 MySQL

（2）在命令行窗口中启动 MySQL 的具体步骤如下。

① 鼠标右键单击桌面左下角的"开始"按钮，选择"执行"命令，在弹出的"运行"对

话框中输入"cmd",之后单击"确定"按钮,如图 2.24 所示。

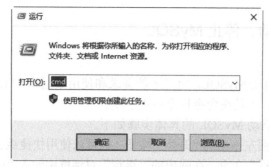

图 2.24　运行"cmd"命令

② 在命令行窗口中输入"net start mysql8080"命令,按回车键确认,即可启动 MySQL,如图 2.25 所示。

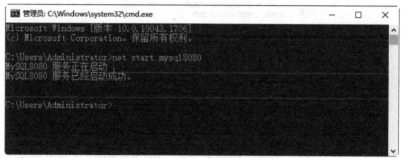

图 2.25　在命令行窗口中启动 MySQL

2　停止 MySQL

(1) 通过服务管理停止 MySQL

参照启动 MySQL 的步骤,在"服务"窗口中选择"MySQL8080",单击左侧的"停止"链接即可停止 MySQL,如图 2.26 所示。

图 2.26　通过服务管理停止 MySQL

（2）在命令行窗口中停止 MySQL

在命令行窗口中输入"net stop mysql8080"，按下键盘上的回车键确认，即可停止 MySQL，如图 2.27 所示。

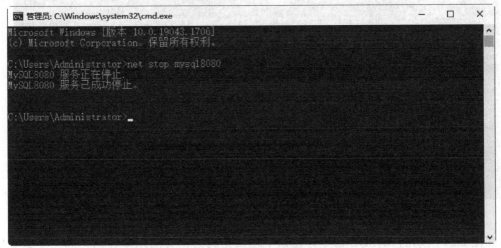

图 2.27　在命令行窗口中停止 MySQL

知识 2.2.2　登录、退出 MySQL

1　登录 MySQL

（1）在"开始"菜单登录 MySQL

① 在"开始"菜单中找到安装的 MySQL，在 MySQL 中单击"MySQL 8.0 Command Line Client"命令，会弹出 MySQL 命令行客户端窗口，如图 2.28 所示。

图 2.28　MySQL 命令行客户端窗口

② 在弹出的 MySQL 命令行客户端窗口中输入登录密码，按下键盘上的回车键，进入 MySQL 命令行窗口，如图 2.29 所示。

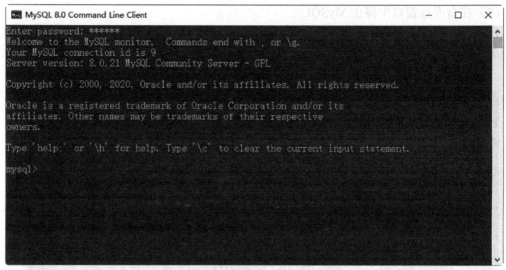

图 2.29　在命令行窗口中登录 MySQL

在图 2.29 所示的 MySQL 命令行窗口中输入密码后，会出现多行语句和一个命令提示符，这些多行语句及其含义如下。

"Commands end with ; or \g" 意为可以使用 ";" 或 "\g" 结束命令。

"Your MySQL connection id is 9" 意为目前登录 MySQL 的次数是第 9 次。

"Server version: 8.0.21 MySQL Community Server - GPL" 表明了 MySQL 的版本。

"Type 'help;' or '\h' for help" 意为输入 "help;" 或者 "\h" 可以查看帮助信息。

"Type '\c' to clear the current input statement" 意为输入 "\c" 可以清除以前的命令。

（2）在命令行窗口中登录 MySQL

在运行窗口中输入 "cmd" 命令，在命令提示符下输入 MySQL 登录语句，就可以进入 MySQL 数据库系统。

MySQL 登录语句的基本语法是"mysql -h 主机名 -p 端口号 -u 用户名 -p 密码"，例如，在登录语句 "mysql -h localhost -p 3306 -u root -p root" 中，"-h" 表示主机地址，"-p" 表示端口号，"-u" 表示用户名，"-p" 表示用户密码。

如果 MySQL 服务器在本地，则可以省略主机地址；如果服务器使用默认的 3306 端口，则可以省略端口号。例如，"mysql -h 127.0.0.1 -p 3306 -u root -p root" 表示连接远程 MySQL 服务器；"mysql -h 127.0.0.1 -u root -p root" 表示连接远程 MySQL 服务器，使用默认端口 3306；"mysql -u root -p root" 表示连接本地的 MySQL 服务器，使用默认端口 3306；"mysql -u root -p" 表示密码采用暗文形式。

2　退出 MySQL

在 MySQL 命令行窗口中的 "mysql>" 提示符后输入 "QUIT" 或 "\q"，按下回车确认即可退出 MySQL，如图 2.30 所示。

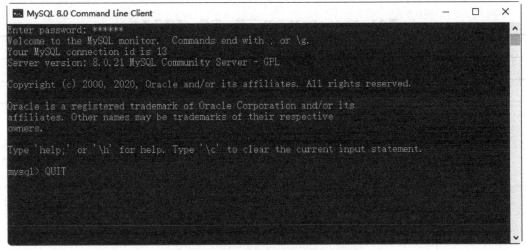

图 2.30　在命令行窗口中退出 MySQL

对于初学 MySQL 的同学来说，使用命令行窗口学习 MySQL 是比较困难的。为了解决这一问题，很多公司开发出了 MySQL 图形化工具，可以帮助用户在不熟悉 MySQL 命令的情况下对 MySQL 数据库进行可视化操作，提高学习和工作的效率。下面介绍几款常用的 MySQL 图形化工具。

（1）Navicat for MySQL

Navicat for MySQL 是一款专为 MySQL 设计的强大的数据库管理及开发工具，能同时连接 MySQL 和 MariaDB 数据库，并与 Amazon RDS、Amazon Aurora、Oracle Cloud、Microsoft Azure、阿里云、腾讯云、华为云等云数据库兼容，能支持大部分 MySQL 最新版本的功能，包括触发器、存储过程、函数、事件、检索、权限管理等。

（2）MySQL Workbench

MySQL Workbench 是一款专为 MySQL 设计的 ER/数据库建模工具，是著名的数据库设计工具 DBDesigner 4 的继任者。用户可以通过 MySQL Workbench 设计和创建新的数据库图示，建立数据库文档，也可以进行复杂的 MySQL 迁移。

（3）PhpMyAdmin

PhpMyAdmin 是一个以 PHP 为基础，以 Web-Base 方式架构在网站主机上的 MySQL 数据库管理工具，让管理者可以用 Web 接口管理 MySQL 数据库。

【任务实战】

根据要求完成实战任务，并填写表 2.1 所示的 Navicat for MySQL 下载、安装、连接任务书。

1. 下载并安装 MySQL 图形化管理工具 Navicat for MySQL。

2. 使用 Navicat for MySQL 工具连接 MySQL。

表 2.1　Navicat for MySQL 下载、安装、连接任务书

Navicat for MySQL 下载、安装、连接任务书			
姓　　名		学　　号	
专　　业		班　　级	
任务要求	1. 完成 Navicat for MySQL 的下载与安装 2. 将 Navicat for MySQL 与 MySQL 连接 3. 完成 Navicat for MySQL 的登录、启动、退出 MySQL 操作 4. 制作 PPT，在课堂上对 Navicat for MySQL 的连接、登录、启动、退出 MySQL 操作进行汇报		
任务内容			

【项目小结】

　　本项目主要介绍了 MySQL 的下载、安装与配置，还讲解了 MySQL 的启动语句和退出语句。为了方便初学者学习，本项目还介绍了几款主流的 MySQL 图形化管理工具。在学习过程中，同学们要通过软件多动手练习，这样才能事半功倍。

【提升练习】

1. 在命令行窗口中练习启动和停止 MySQL。
2. 熟悉 MySQL 命令行窗口中的语句及其功能。

项目三　数据库的基本操作

★ 知识目标

（1）掌握创建数据库的操作步骤

（2）掌握查看数据库的操作步骤

（3）掌握数据库之间的切换方法

（4）掌握数据库的退出和删除操作

★ 技能目标

（1）学会创建数据库

（2）学会切换数据库

（3）学会退出和删除数据库

★ 素养目标

（1）努力提升自身技术水平，增强团队意识和沟通能力

（2）通过数据安全、职业道德学会规范做事、严谨做人

★ 教学重点

（1）创建数据库的操作步骤

（2）退出和删除数据库的操作步骤

任务一　创建数据库

【任务要求】

知识要求：学会创建数据库的基本操作。

实施要求：在自己计算机的 MySQL 中完成创建数据库等基本操作。

技能要求：具备在 MySQL 中创建数据库的技能。

【任务实施】

（1）课前，学生根据任务完成数据库的创建。

（2）课上，学生根据任务掌握在 MySQL 中创建数据库的命令。

（3）课后，学生巩固在 MySQL 中创建数据库的命令，并进行知识拓展。

【任务知识】

知识 3.1.1　MySQL 数据库的构成

在 MySQL 中，数据库分为系统数据库和用户数据库两类。

1　系统数据库

MySQL 安装成功后，系统会自动创建 information_schema、mysql、performance_schema、sys 等数据库，MySQL 数据库的系统信息都存储在这几个数据库中。如果删除了这几个数据库，MySQL 将不能正常工作。

查看当前数据库的语句是 SHOW DATABASES，其输入及执行结果如图 3.1 所示。

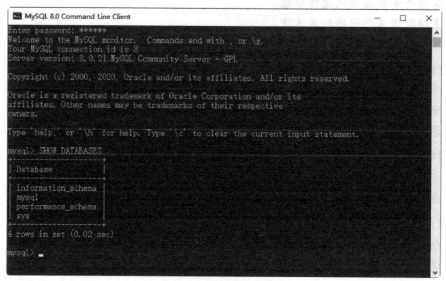

图 3.1　查看当前数据库

在图 3.1 中，系统存在的数据库及其含义如下。

（1）information_schema 主要存储系统中的一些数据库对象信息，包括用户信息、字符集信息和分区信息等。

（2）mysql 主要存储账户信息、权限信息、存储过程和时区信息等。

（3）performance_schema 主要用于收集数据库服务器的性能参数。

（4）sys 通过视图的形式把 information_schema 和 performance_schema 结合起来，查询出更容易理解的数据，帮助数据库管理员快速获取信息并定位性能瓶颈。

2　用户数据库

用户数据库是用户根据实际需求手动创建的数据库。

知识 3.1.2　创建数据库

创建数据库的关键字为 CREATE，语法格式如下。

```
CREATE {DATABASE | SCHEMA} [IF NOT EXISTS] 数据库名称
[[DEFAULT] CHARACTER SET 字符集名称]
[[DEFAULT] COLLATE 排序规则名称];
```

（1）语法格式说明

① 语句中的"[]"表示其中的内容为可选语法项；"{}"表示其中的内容为必选语法项；"|"用于分隔"{}"中的语法项，表示二选一。

② IF NOT EXISTS 表示在创建数据库前进行判断，只有该数据库目前尚不存在时才执行 CREATE DATABASE 操作。因此，此选项可以避免出现数据库已经存在而重复创建的错误。

③ 根据 CREATE DATABASE 的语法格式，创建数据库的最简化格式为"CREATE DATABASE 数据库名称"。

（2）数据库的命名规则

数据库的命名除了简单明了、见其名知其意，还要遵循以下规则。

① 一般由字母和下划线组成，不允许有空格，可以是英文单词、英文短语或相应的缩写。

② 不允许是 MySQL 的关键字。

③ 长度最好不超过 128 位。

④ 不能与其他数据库同名。

（3）字符集与排序规则

① 字符集

字符集规定了字符在数据库中的存储格式，例如占多少空间、支持哪些字符等。不同字符集有不同的编码规则，在有些情况下，甚至还有排序规则的存在。在运行和使用 MySQL 数据库的过程中，选取合适的字符集非常重要，如果选择不恰当，轻则影响数据库性能，严重时可能导致数据存储乱码。

常见的 MySQL 字符集如表 3.1 所示。

表 3.1 常见的 MySQL 字符集

字符集	长度	说明
gbk	2	支持中文，但不是国际通用字符集
utf8	3	支持中/英文混合场景，是国际通用字符集
latin1	1	MySQL 的默认字符集
utf8mb4	4	完全兼容 utf8，用四个字节存储更多的字符

MySQL 数据库的字符集选用规则如下。

● 如果系统开发涉及不同国家和不同语言，则应该选择 utf8 或者 utf8mb4。

● 如果系统只需要支持中文，没有国外业务，则为了性能考虑可以采用 gbk。

查看当前 MySQL 支持的字符集有两种方式，一种是查看 INFORMATION_SCHEMA.CHARACTER_SET 系统表，另一种是通过 SHOW CHARACTER SET 命令查看。

② 排序规则

每个指定的字符集都会有一个或多个支持的排序规则，可以通过两种方式查看，一种是查看 INFORMATION_SCHEMA.COLLATIONS 系统表，另一种是通过 SHOW COLLATION 命令查看。

MySQL 数据库的字符集排序规则如下。

● 排序规则通常以对应的字符集名字为开头，以特定属性结尾，例如排序规则 utf8_general_ci 和 latin1_swedish_ci 分别对应 utf8 和 latin1 字符集。

● 当排序规则特指某种语言时，中间的部分就是这种语言的名字，例如 utf8_turkish_ci 和 utf8_hungarian_ci 分别代表 utf8 字符集中的土耳其语和匈牙利语。

● 排序规则名字的结尾字符代表是否大小写敏感、重音敏感以及是否是二进制等。

【例 3.1】使用 CREATE 关键字创建数据库 credit。

```
mysql> CREATE DATABASE credit;
Query OK, 1 row affected(0.01 sec)
mysql> CREATE DATABASE IF NOT EXISTS credit;
Query OK, 1 row affected, 1 warning(0.01 sec)
```

吕 操作小贴士

1. 在"mysql>"提示符后输入语句后必须以";"结束，按下键盘上的回车键确认后，系统执行命令。

2. 在创建数据时加入 IF NOT EXISTS 子句，如果创建的数据库已存在，系统不会报错，但服务器会返回一条警告信息。

【任务实战】

根据任务知识，创建信贷管理系统数据库，并完成表 3.2 所示的创建信贷管理系统数据库任务书。

表 3.2 创建信贷管理系统数据库任务书

创建信贷管理系统数据库任务书			
姓　　名		学　　号	
专　　业		班　　级	
任务要求	创建信贷管理系统数据库		
任务内容			

任务二　查看和选择数据库

【任务要求】

知识要求：能根据项目在 MySQL 中查看和选择数据库。

实施要求：在自己计算机的 MySQL 中完成查看、选择数据库等基本操作。

技能要求：熟练应用语句在 MySQL 中查看和选择数据库。

【任务实施】

（1）课前，学生能够熟练地进行数据库的创建。

（2）课上，学生根据任务掌握数据库的查看、选择等命令。

（3）课后，学生巩固数据库的创建、查看、选择等命令，并进行知识拓展。

【任务知识】

用户在对数据库进行操作前，首先要确认数据库是否存在。如果数据库存在，要先选择数据库，然后才能进行操作。

知识 3.2.1　查看数据库

1　查看已创建的数据库

查看当前数据库管理系统中的所有数据库的语句如下。

```
mysql> SHOW DATABASES;
```

查看结果如图 3.2 所示。

图 3.2　查看当前数据库管理系统中的所有数据库

2　查看数据库的信息

在完成创建数据库后，查看该数据库的信息的语法格式如下。

```
SHOW CREATE DATABASE 数据库名称;
```

知识 3.2.2　选择数据库

在操作数据库之前，要先选择所操作的数据库，语法格式如下。

```
USE 数据库名称;
```

【例 3.2】选择 credit 数据库。

```
mysql> USE credit;
Database changed
```

在例 3.2 中，Database changed 表示选择数据库成功。

【任务实战】

根据任务知识，查看和选择信贷管理系统数据库，并完成表 3.3 所示的查看和选择信贷管理系统数据库任务书。

表 3.3　查看和选择信贷管理系统数据库任务书

查看和选择信贷管理系统数据库任务书			
姓　　名		学　　号	
专　　业		班　　级	
任务要求	查看和选择信贷管理系统数据库		
任务内容			

任务三　退出和删除数据库

【任务要求】

知识要求：能根据项目进行退出、删除数据库等基本操作。
实施要求：在自己计算机的 MySQL 中完成退出、删除数据库等基本操作。
技能要求：具备在 MySQL 中退出、删除数据库等技能。

【任务实施】

（1）课前，学生根据任务预习退出、删除数据库等操作。
（2）课上，学生根据任务掌握数据库的退出、删除等命令。
（3）课后，学生巩固退出、删除数据库等命令，并进行知识拓展。

【任务知识】

知识 3.3.1　退出数据库

退出当前数据库的语句如下。

```
mysql> exit;
```

或

```
mysql> quit;
```

知识 3.3.2　删除数据库

删除已经创建的数据库的语法格式如下。

```
DROP DATABASE [IF EXISTS] 数据库名称;
```

使用 IF EXISTS 子句可以删除不存在数据库时出现的 MySQL 错误信息。

操作小贴士

删除数据库的语句必须小心使用，因为它将永久删除指定的整个数据库信息，包括数据库中的所有表和表中的所有数据。

【例 3.3】删除数据库 credit。

```
mysql> DROP DATABASE credit;
Query OK, 0 rows affected (0.04 sec)
```

知识 3.3.3　修改数据库

1　修改数据库名称

在 MySQL 5.1.23 之前的版本中，可以使用 RENAME DATABASE 语句来修改数据库名称，但出于安全考虑，此后的版本删除了这一语句。

2　修改数据库参数

创建数据库后，如果需要修改数据库的参数，可以使用 ALTER DATABASE 语句，语法格式如下。

```
ALTER {DATABASE | SCHEMA} [IF NOT EXISTS] 数据库名称
[[DEFAULT] CHARACTER SET 字符集名称]
[[DEFAULT] COLLATE 排序规则名称];
```

【例 3.4】修改数据库 Pet 的默认字符集为 latin1，排序规则为 latin1_swedish_ci。

```
mysql> ALTER DATABASE Pet
    -> DEFAULT CHARACTER SET latin1
    -> DEFAULT COLLATE latin1_swedish_ci;
```

【任务实战】

根据任务知识，退出和删除信贷管理系统数据库，并完成表 3.4 所示的退出和删除信贷管理系统数据库任务书。

表 3.4   退出和删除信贷管理系统数据库任务书

退出和删除信贷管理系统数据库任务书			
姓　　名		学　　号	
专　　业		班　　级	
任务要求	退出和删除信贷管理系统数据库		
任务内容			

【项目小结】

本项目主要介绍了在 MySQL 中创建、查看、选择、删除数据库的语句和操作。

通过本项目的学习，同学们要熟练地应用语句创建、查看、选择、删除数据库。同时要注意，数据是无价的，在删除数据库时一定要谨慎。

【提升练习】

1. 在命令行窗口中创建数据库 credit1、user、loan。
2. 进行选择 user 数据库的操作。
3. 进行删除 loan 数据库的操作。
4. 使用 Navicat for MySQL 软件创建 credit2、user1、loan1 数据库。

项目四　数据表的创建与管理

★ 知识目标
（1）掌握创建数据表的方法
（2）掌握修改数据表的方法
（3）掌握在数据表中插入数据的方法
（4）掌握数据的完整性约束方法

★ 技能目标
（1）能创建数据表
（2）能修改数据表
（3）能在数据表中插入并管理数据
（4）能对数据进行完整性约束

★ 素养目标
（1）树立数据无价及数据安全的意识
（2）培养认真、严谨的工作态度和终身学习的认同感，坚守良好的职业道德

★ 教学重点
（1）数据表的创建与修改
（2）在数据表中进行数据的插入与管理

任务一　掌握 MySQL 的常用数据类型

【任务要求】

知识要求：根据任务学习 MySQL 的常用数据类型。
实施要求：能根据不同的数据选择对应的数据类型。
技能要求：具备数据类型的应用技能。

【任务实施】

（1）课前，学生根据任务完成常用数据类型的预习。
（2）课上，学生根据任务掌握不同数据对应的数据类型。

（3）课后，学生巩固数据类型的选择方法，并进行知识拓展。

【任务知识】

数据表由多个字段和多条记录构成，如表 4.1 所示。数据表中的每个字段可以指定不同类型的数据类型，数据类型用于规定数据的存储格式、约束和有效范围等，如表 4.2 所示。MySQL 支持的数据类型大致可以分为数值类型、日期/时间类型和字符串类型。

表 4.1　贷款用户信息表

用户编号	用户姓名	年龄	贷款时间	贷款金额	……
D000001	张三	30	2021-11-02	500.50	
D000002	李四	35	2022-02-01	450.80	
D000003	王五	41	2022-03-20	300.70	

表 4.2　贷款用户信息表结构分析表

字段名	用户编号	用户姓名	年龄	贷款时间	贷款金额	……
字段值的表示方法	用 7 个字符表示	用 10 个以内字符表示	用 2 个字符表示	用日期表示	用带小数部分的数字表示	
数据类型	char(7)	varchar(10)	int	date	float	

知识 4.1.1　数值类型

数值类型用于存储数字型数据，包括整数类型（tinyint、smallint、mediumint、int、bigint 等）、浮点数类型（float、double 等）和定点数类型（decimal 等）。其中，整数类型用于存储整数，浮点数和定点数类型用于存储小数。

不同的数值类型提供不同的存储范围，每种类型可以设置为有符号和无符号。有符号表示可以存储负数，无符号表示只能存储 0 和正数，其字节数和取值范围如表 4.3 所示。

表 4.3　数值类型的字节数和取值范围

数据类型	字节数	取值范围（有符号）	取值范围（无符号）
tinyint	1	$-128 \sim 127$	$0 \sim 255$
smallint	2	$-32768 \sim 32767$	$0 \sim 65535$
mediumint	3	$-8388608 \sim 8388607$	$0 \sim 16777215$
int	4	$-2147483648 \sim 2147483647$	$0 \sim 4294967295$
bigint	8	$-9.22 \times 10^{18} \sim 9.22 \times 10^{18}$	$0 \sim 1.84 \times 10^{19}$
float	4	$-3.402823466E+38 \sim$ $-1.175494351E-38$	0 和 1.175494351E$-38 \sim$ 3.402823466E$+38$
double	8	$-1.7976931348623157E+308 \sim$ $-2.2250738585072014E-308$	0 和 2.2250738585072014E$-308 \sim$ 1.7976931348623157E$+308$
decimal	$m+2$	与 double 类型相同	与 double 类型相同

知识小贴士

浮点数类型和定点数类型都可以用类型名称后加(*m*,*d*)的形式表示，其中 *m* 称为精度，表示数值位位数（整数位+小数位）；*d* 称为标度，表示小数点后的位数。例如，float(4,1)表示可正常插入的数据长度最大是 4 位，小数点后保留 1 位。

知识 4.1.2 日期/时间类型

MySQL 主要支持的日期/时间类型有 year、date、time、datetime、timestamp 等，其字节数、存储格式和取值范围如表 4.4 所示。

表 4.4 日期/时间类型的字节数、存储格式和取值范围

数据类型	字节数	存储格式	取值范围
year	1 字节	YYYY	1901～2155
date	3 字节	YYYY-MM-DD	1000-01-01～9999-12-31
time	3 字节	HH:MM:SS	−838:59:59～838:59:59
datetime	5 字节	YYYY-MM-DD HH:MM:SS	1000-01-01 00:00:00～9999-12-31 23:59:59
timestamp	4 字节	YYYY-MM-DD HH:MM:SS	1970-01-01 00:00:01～2038-01-19 03:14:07

知识小贴士

向日期/时间类型的字段中插入数据时，最好使用引号将值包含起来。信贷管理系统中的注册时间、借还时间等可以设定为 datetime 类型。

知识 4.1.3 字符串类型

MySQL 支持的字符串数据类型包括 char(*n*)、varchar(*n*)、tinytext、text 等，其取值范围和说明如表 4.5 所示。

表 4.5 字符串类型的取值范围和说明

类型名称	取值范围	说明
char(*n*)	0～255	固定长度字符串
varchar(*n*)	0～65535	可变长度字符串
tinytext	0～255	可变长度短文本
text	0～65535	可变长度长文本

知识小贴士

1. char(*n*)和 varchar(*n*)类型用于存储较短的字符串，两者的主要区别是存储方式不同。

2. char(*n*)类型的长度是固定的，长度值会在创建表时定义。例如，当数据类型为 char(4)时，表示插入数据的字符数最大为 4，而且不论数据的字符个数是否为 4，占用的空间总是 4 个字符。

3. varchar(*n*)类型的长度是可变的。例如，当数据类型为 varchar(4)时，表示插入数据的字

符数最大为 4，如果插入的数据只有 2 个字符，那么它实际占用的空间为字符串的实际长度加 1 字节。

【任务实战】

根据任务一的知识点，填写表 4.6 所示的字段名的数据类型。

表 4.6　字段名的数据类型

字段名	数据类型	字段名	数据类型
编号		身份证号码	
姓名		学历	
性别		联系电话	
年龄		联系地址	
出生日期		贷款时间	

任务二　数据表的创建与管理

【任务要求】

知识要求：能根据项目进行创建数据表等基本操作。
实施要求：在自己的计算机上完成创建数据表、管理数据表等基本操作。
技能要求：具备在 MySQL 中创建与管理数据表的技能。

【任务实施】

（1）课前，学生根据任务要求预习数据表的创建与管理操作。
（2）课上，学生根据任务掌握 MySQL 中数据表的创建与管理操作。
（3）课后，学生巩固数据表的创建与管理操作，并进行知识拓展。

【任务知识】

知识 4.2.1　创建和查看数据表

1　创建数据表

创建数据表实际上是规定列属性和实现数据完整性约束的过程，基本语法格式如下。

```
CREATE TABLE [IF NOT EXISTS]数据表名称
(
字段名 1 数据类型 1 [NOT NULL | NULL] [DEFAULT 列默认值],
```

```
字段名 2 数据类型 2 [NOT NULL | NULL] [DEFAULT 列默认值],
…
字段名 n 数据类型 n [NOT NULL | NULL] [DEFAULT 列默认值]
)
```

数据表命名应遵循以下原则。

（1）长度最好不超过 30 个字符。

（2）多个单词之间使用“_”分隔，不允许有空格。

（3）不允许使用 MySQL 的关键字。

（4）不允许与同一数据库中的其他数据表同名。

知识小贴士

1. 数据表名称前的 IF NOT EXISTS 用于判断表名称是否存在。
2. [NOT NULL | NULL]表示如果不指定，则默认为空。
3. 最后一行字段结束后不加“,”。

【例 4.1】根据表 4.1 所示的贷款用户信息表和表 4.2 所示的贷款用户信息表结构分析表在 credit 数据库中创建 loanuser 数据表。

```
mysql> CREATE TABLE loanuser
    -> (
    -> '用户编号' char(7) NOT NULL,
    -> '用户姓名' varchar(10) NOT NULL,
    -> '年龄' int,
    -> '贷款时间' date,
    -> '贷款金额' float(5,2)
    -> );
Query OK, 0 rows affected, 1 warnings (0.05 sec)
```

2　查看数据表

查看数据表包括查看表的名称、基本结构、详细结构等，基本语法格式如下。

```
SHOW TABLES;
```

查看数据表结构的语句如下。

```
{DESCRIBE | DESC} 表名称;
```

【例 4.2】查看 loanuser 表的结构。

```
mysql> SHOW TABLES;
mysql> DESC loanuser;
```

查看结果如图 4.1 所示。

Field	Type	Null	Key	Default	Extra
用户编号	char(7)	NO		NULL	
用户姓名	varchar(10)	NO		NULL	
年龄	int	YES		NULL	
贷款时间	date	YES		NULL	
贷款金额	float(5,2)	YES		NULL	

5 rows in set (0.01 sec)

图 4.1　loanuser 表的结构

知识 4.2.2　修改数据表

1　修改数据表名称

对于已有的数据表，可以通过以下两种方式修改数据表名称。

ALTER TABLE　旧表名称　RENAME [TO|AS]　新表名称;

· **或**

RENAME TABLE　旧表名称1 TO　新表名称1 [,旧表名称2 TO　新表名称2];

在以上语法格式中，**ALTER　TABLE**…**RENAME**…后的 TO 或 AS 可以省略，RENAME TABLE…TO…语句可以同时修改多个数据表的名称。

【例 4.3】修改 loanuser 数据表的名称为 user。

mysql> ALTER TABLE loanuser RENAME user;
Query OK, 0 rows affected (0.04 sec)

修改结果如图 4.2 所示。

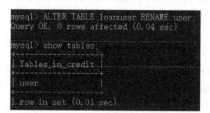

图 4.2　修改数据表名称及修改结果

2　修改字段的数据类型

修改字段数据类型的关键字为 MODIFY，语法格式如下。

ALTER TABLE　数据表名称　MODIFY　修改字段名称　新数据类型;

【例 4.4】执行 SQL 语句，将 user 数据表中贷款金额字段的数据类型修改为 int。

mysql> ALTER TABLE user MODIFY '贷款金额' int;
Query OK, 0 rows affected (0.06 sec)
Records:0 Duplicates:0 Warnings:0

修改结果如图 4.3 所示。

图 4.3　修改字段的数据类型的结果

知识小贴士

Warnings 表示有警告信息，但不影响执行。

3　修改字段名称

修改字段名称的关键字为 CHANGE，语法格式如下。

```
ALTER TABLE 数据表名称 CHANGE 旧字段名称 新字段名称 字段类型 [字段属性];
```

“旧字段名称”指字段修改前的名称；“新字段名称”指字段修改后的名称；“字段类型”表示新字段名称的数据类型，不能为空，即使与旧字段的数据类型相同，也必须重新设置。

【例 4.5】执行 SQL 语句，将 user 数据表中的“用户姓名”字段修改为“贷款用户姓名”，新字段类型为 varchar(20)。

```
mysql> ALTER TABLE user CHANGE '用户姓名''贷款用户姓名' varchar(20);
Query OK, 0 rows affected (0.04 sec)
Records:0 Duplicates:0 Warnings:0
```

修改字段名称的结果如图 4.4 所示。

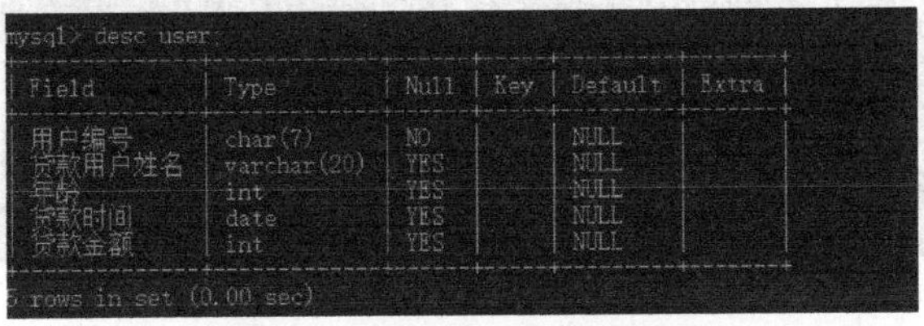

```
mysql> desc user;
+--------------+-------------+------+-----+---------+-------+
| Field        | Type        | Null | Key | Default | Extra |
+--------------+-------------+------+-----+---------+-------+
| 用户编号     | char(7)     | NO   |     | NULL    |       |
| 贷款用户姓名 | varchar(20) | YES  |     | NULL    |       |
| 年龄         | int         | YES  |     | NULL    |       |
| 贷款时间     | date        | YES  |     | NULL    |       |
| 贷款金额     | int         | YES  |     | NULL    |       |
+--------------+-------------+------+-----+---------+-------+
5 rows in set (0.00 sec)
```

图 4.4　修改字段名称的结果

4　添加字段

（1）在最后一列之后添加字段

添加字段的关键字为 ADD，新增一个字段的语法格式如下。

```
ALTER TABLE 数据表名称 ADD 新字段名称 字段类型;
```

同时新增多个字段的语法格式如下。

```
ALTER TABLE 数据表名称 ADD(新字段名称 1 字段类型 1,新字段名称 2 字段类型 2);
```

【例 4.6】执行 SQL 语句，在 user 数据表中添加字段“联系电话”，数据类型为 int。

```
mysql> ALTER TABLE user ADD '联系电话' int;
Query OK, 0 rows affected (0.02 sec)
Records:0 Duplicates:0 Warnings:0
```

在最后一列之后添加字段的结果如图 4.5 所示。

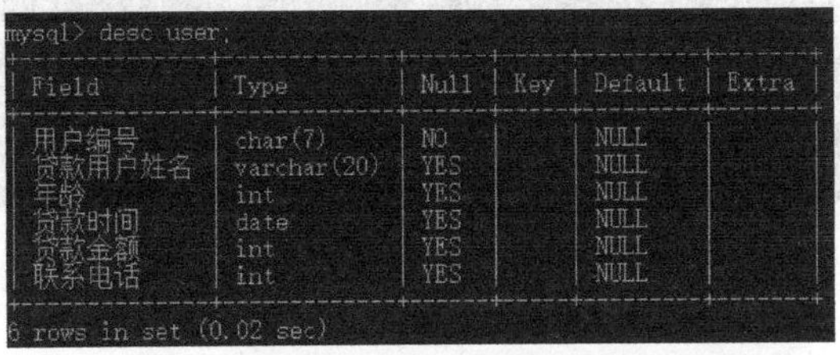

```
mysql> desc user;
+--------------+-------------+------+-----+---------+-------+
| Field        | Type        | Null | Key | Default | Extra |
+--------------+-------------+------+-----+---------+-------+
| 用户编号     | char(7)     | NO   |     | NULL    |       |
| 贷款用户姓名 | varchar(20) | YES  |     | NULL    |       |
| 年龄         | int         | YES  |     | NULL    |       |
| 贷款时间     | date        | YES  |     | NULL    |       |
| 贷款金额     | int         | YES  |     | NULL    |       |
| 联系电话     | int         | YES  |     | NULL    |       |
+--------------+-------------+------+-----+---------+-------+
6 rows in set (0.02 sec)
```

图 4.5　在最后一列之后添加字段的结果

知识小贴士

在不指定位置的情况下，新增的字段默认添加到数据表的最后一列之后。

（2）在第一列之前添加字段

在表的第一列之前添加字段的语法格式如下。

```
ALTER TABLE 数据表名称 ADD 新字段名称 字段类型 FIRST;
```

【例 4.7】执行 SQL 语句，在 user 数据表的第一列之前添加字段“序号”，数据类型为 int。

```
mysql> ALTER TABLE user ADD '序号' int FIRST;
Query OK, 0 rows affected (0.05 sec)
Records:0 Duplicates:0 Warnings:0
```

在第一列之前添加字段的结果如图 4.6 所示。

```
mysql> desc user;
+--------------+-------------+------+-----+---------+-------+
| Field        | Type        | Null | Key | Default | Extra |
+--------------+-------------+------+-----+---------+-------+
| 序号         | int         | YES  |     | NULL    |       |
| 用户编号     | char(7)     | NO   |     | NULL    |       |
| 贷款用户姓名 | varchar(20) | YES  |     | NULL    |       |
| 年龄         | int         | YES  |     | NULL    |       |
| 贷款时间     | date        | YES  |     | NULL    |       |
| 贷款金额     | int         | YES  |     | NULL    |       |
| 联系电话     | int         | YES  |     | NULL    |       |
+--------------+-------------+------+-----+---------+-------+
7 rows in set (0.02 sec)
```

图 4.6　在第一列之前添加字段的结果

（3）在指定列之后添加字段

在指定列之后添加字段的语法格式如下。

```
ALTER TABLE 数据表名称 ADD 新字段名称 字段类型 AFTER 指定字段(列);
```

【例 4.8】执行 SQL 语句，在 user 数据表的“年龄”字段后新增“家庭住址”字段，字段类型为 varchar(40)。

```
mysql> ALTER TABLE user ADD '家庭住址' varchar(40) AFTER '年龄';
Query OK, 0 rows affected (0.07 sec)
Records:0 Duplicates:0 Warnings:0
```

在指定列之后添加字段的结果如图 4.7 所示。

```
mysql> desc user;
+--------------+-------------+------+-----+---------+-------+
| Field        | Type        | Null | Key | Default | Extra |
+--------------+-------------+------+-----+---------+-------+
| 序号         | int         | YES  |     | NULL    |       |
| 用户编号     | char(7)     | NO   |     | NULL    |       |
| 贷款用户姓名 | varchar(20) | YES  |     | NULL    |       |
| 年龄         | int         | YES  |     | NULL    |       |
| 家庭住址     | varchar(40) | YES  |     | NULL    |       |
| 贷款时间     | date        | YES  |     | NULL    |       |
| 贷款金额     | int         | YES  |     | NULL    |       |
| 联系电话     | int         | YES  |     | NULL    |       |
+--------------+-------------+------+-----+---------+-------+
8 rows in set (0.00 sec)
```

图 4.7　在指定列之后添加字段的结果

操作小贴士

新增多个字段时不能指定字段的位置。

5　修改字段顺序

修改字段顺序的关键字为 MODIFY，语法格式如下。

ALTER TABLE 数据表名称 MODIFY 修改字段名称 字段类型 FIRST|AFTER 指定字段名称;

在以上语法格式中，FIRST 表示修改字段在指定字段之前，AFTER 表示修改字段在指定字段之后。

【例 4.9】执行 SQL 语句，将 user 数据表中的"家庭住址"字段调整到"联系电话"字段之后。

```
mysql> ALTER TABLE user MODIFY '家庭住址' varchar(40) AFTER '联系电话';
Query OK, 0 rows affected (0.04 sec)
Records:0 Duplicates:0 Warnings:0
```

修改字段顺序的结果如图 4.8 所示。

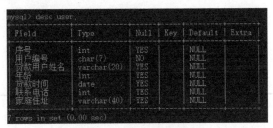

图 4.8　修改字段顺序的结果

知识 4.2.3　删除数据表

1　删除字段

删除字段是指将某个字段从数据表中删除，语法格式如下。

ALTER TABLE 数据表名称 DROP 删除的字段名称;

【例 4.10】执行 SQL 语句，在 user 数据表中删除"贷款金额"字段。

```
mysql> ALTER TABLE user DROP '贷款金额';
Query OK, 0 rows affected (0.06 sec)
Records:0 Duplicates:0 Warnings:0
```

删除字段的结果如图 4.9 所示。

图 4.9　删除字段的结果

2　删除没有被关联的表

删除数据表会将表的定义和表中的数据全部删除，因此，用户最好反复确认后再执行此操作。

使用 DROP 关键字可以一次性删除一个或多个没有被其他表关联的表，语法格式如下。

DROP TABLE [IF EXISTS] 数据表 1 [,数据表 2];

如果删除的数据表不存在，系统会提示错误信息并中断执行。加上 IF EXISTS 参数后，系统会在执行删除命令之前判断表是否存在，如果表不存在，命令仍可以顺利执行，但系统会提示警告。

【例 4.11】执行 SQL 语句，删除 user 数据表。

```
mysql> DROP TABLE IF EXISTS user;
Query OK, 0 rows affected (0.02 sec)
```

删除数据表的结果如图 4.10 所示。

图 4.10　删除数据表的结果

【任务实战】

根据任务二的知识点，在信贷管理系统数据库中创建 login 数据表，并完成表 4.7 所示的创建数据表任务书。

表 4.7　创建数据表任务书

创建数据表任务书			
姓　名		学　号	
专　业		班　级	
任务要求	1. 根据表 4.6 中的字段创建 login 数据表 2. 在"编号"字段之前增加一个"序号"字段 3. 在"联系电话"字段之后增加一个"工作状态"字段 4. 修改"联系地址"字段的名称为"居住地址"		
任务内容			

任务三　数据管理

【任务要求】

知识要求：掌握插入、删除、更改数据的操作方法。

实施要求：根据项目完成插入、更改、删除数据等基本操作。

技能要求：具备数据管理技能。

【任务实施】

（1）课前，学生根据任务预习数据的增、删、查、改等操作。

（2）课上，学生根据任务掌握数据的增、删、查、改等操作。

（3）课后，学生巩固数据的增、删、查、改等管理命令，并进行知识拓展。

【任务知识】

知识 4.3.1 插入数据

常见的数据管理是向数据表中插入数据，主要包括向表中所有列插入数据、向表中指定列插入数据、同时插入多条数据等。

1 向表中所有列插入数据

向表中所有列插入数据有两种方式，一种是指定所有字段及相应的值；另一种是不指定字段，只列出字段值。向表中所有列插入数据的语法格式如下。

```
INSERT INTO 数据表名称 [列名称 1,…]
VALUES(值 1)[,…];
```

数据表名称指定被操作的表；列名称指定需要插入数据的列，若向所有列插入数据，则列名称可以省略；VALUES 或 VALUE 子句包含要插入的数据清单，数据清单中数据的顺序要和列的顺序相对应。

知识小贴士

1. 如果要向表中所有列插入数据，列名称可以省略。如果只向表中部分列插入数据，需要指定列名称。

2. 当插入的值为字符串时，需要将值包含在引号中。

【例 4.12】向 user 数据表中插入表 4.8 所示的数据。

表 4.8 向 user 数据表中插入的数据

用户编号	用户姓名	年龄	注册时间	贷款金额	联系电话	家庭住址
00001	张三	26	2022-04-01	2000.00	23451234	重庆永川

步骤 1：在 credit 数据库中创建 user 数据表。

步骤 2：插入数据。

```
mysql> INSERT INTO user
    -> VALUES('00001','张三',26,'2022-04-01',2000.00,23451234,'重庆永川');
Query OK, 1 row affected (0.01 sec)
```

向 user 数据表中插入数据的结果如图 4.11 所示。

```
mysql> select * from user;
+----------+----------+------+------------+----------+----------+----------+
| 用户编号 | 用户姓名 | 年龄 | 注册时间   | 贷款金额 | 联系电话 | 家庭住址 |
+----------+----------+------+------------+----------+----------+----------+
| 00001    | 张三     |   26 | 2022-04-01 |  2000.00 | 23451234 | 重庆永川 |
+----------+----------+------+------------+----------+----------+----------+
1 row in set (0.00 sec)
```

图 4.11　向 user 数据表中插入数据的结果

操作小贴士

图 4.11 中的 select * from user 表示查看插入的表格数据，将在后面知识点详解。

2　向表中指定列插入数据

（1）向数据表中插入数据时，可以只插入部分数据，语法格式如下。

```
INSERT INTO  数据表名称(字段名称 1,字段名称 2,…)
VALUES(值 1,值 2,…);
```

【例 4.13】向 user 数据表中插入表 4.9 所示的数据。

表 4.9　向 user 数据表中插入的数据

用户编号	用户姓名	年龄	注册时间	贷款金额	联系电话	家庭住址
00002	李同		2022-04-11	3900.00	62401234	

```
mysql> INSERT INTO user ('用户编号','用户姓名','注册时间','贷款金额','联系电话')
    ->VALUES ('00002','李同','2022-04-11',3900.00,62401234);
Query OK, 1 row affected (0.01 sec)
```

向 user 数据表中插入数据的结果如图 4.12 所示。

```
mysql> select * from user;
+----------+----------+------+------------+----------+----------+----------+
| 用户编号 | 用户姓名 | 年龄 | 注册时间   | 贷款金额 | 联系电话 | 家庭住址 |
+----------+----------+------+------------+----------+----------+----------+
| 00001    | 张三     |   26 | 2022-04-01 |  2000.00 | 23451234 | 重庆永川 |
| 00002    | 李同     | NULL | 2022-04-11 |  3900.00 | 62401234 | NULL     |
+----------+----------+------+------------+----------+----------+----------+
2 rows in set (0.00 sec)
```

图 4.12　向 user 数据表中插入部分数据的结果

（2）向数据表中插入数据时，还可以用 SET 语句实现，语法格式如下。

```
INSERT INTO  数据表名称
SET  列名称 1=值 1 [,列名称 2=值 2,…]
```

【例 4.14】向 user 数据表中插入表 4.10 所示的数据。

表 4.10　向 user 数据表中插入的数据

用户编号	用户姓名	年龄	注册时间	贷款金额	联系电话	家庭住址
00003	刘小晓			4000.00	62401234	重庆南岸

```
mysql> INSERT INTO user
    -> SET '用户编号'='00003','用户姓名'='刘小晓','贷款金额'=4000.00,'联系电话'=62401234,'家庭住址'='
重庆南岸';
Query OK, 1 row affected (0.01 sec)
```

用 SET 语句向 user 数据表中插入数据的结果如图 4.13 所示

```
mysql> select * from user;
+----------+----------+------+------------+---------+----------+----------+
| 用户编号 | 用户姓名 | 年龄 | 注册时间   | 贷款金额 | 联系电话 | 家庭住址 |
+----------+----------+------+------------+---------+----------+----------+
| 00001    | 张三     |   26 | 2022-04-01 | 2000.00 | 23451234 | 重庆永川 |
| 00002    | 李同     | NULL | 2022-04-11 | 3900.00 | 62401234 | NULL     |
| 00003    | 刘小晓   | NULL | NULL       | 4000.00 | 62401234 | 重庆南岸 |
+----------+----------+------+------------+---------+----------+----------+
3 rows in set (0.00 sec)
```

图 4.13　用 SET 语句向 user 数据表中插入数据的结果

3　同时插入多条数据

使用 INSERT 关键字可以同时向数据表中插入多条数据，语法格式如下。

```
INSERT INTO  数据表名称(字段名 1,字段名 2,…)
VALUES(值 1,值 2,…),
…
(值 1,值 2,…);
```

【例 4.15】向 user 数据表中插入表 4.11 所示的多条数据。

表 4.11　向 user 数据表中插入的多条数据

用户编号	用户姓名	年龄	注册时间	贷款金额	联系电话	家庭住址
00004	周鑫程	27	2022-03-21	1500.00	64001423	重庆江北
00005	冯浩	41	2022-02-15	4700.50	62240341	重庆沙坪坝
00006	赵红	34	2022-04-07	6200.00	68503542	重庆渝北
00007	林言	32	2021-06-11	3000.00	64101422	重庆永川
00008	凯莉	21	2021-08-20	4500.00	63240345	重庆渝北
00009	李慧敏	20	2021-03-17	2800.00	67503540	重庆永川
00010	王晶	27	2021-05-03	3500.00	60503547	重庆渝中
00011	斯年	29	2021-09-12	6400.00	65101429	重庆永川

```
mysql> INSERT INTO user
    ->VALUES ('00004','周鑫程',27,'2022-03-21',1500.00,64001423,'重庆江北'),
    ->('00005','冯浩',41,'2022-02-15',4700.50,62240341,'重庆沙坪坝'),
    ->('00006','赵红',34,'2022-04-07',6200.00,68503542,'重庆渝北'),
    ->('00007','林言',32,'2021-06-11',3000.00,64101422,'重庆永川'),
    ->('00008','凯莉',21,'2021-08-20',4500.00,63240345,'重庆渝北'),
    ->('00009','李慧敏',20,'2021-03-17',2800.00,67503540,'重庆永川'),
    ->('00010','王晶',27,'2021-05-03',3500.00,60503547,'重庆渝中'),
    ->('00011','斯年',29,'2021-09-12',6400.00,65101429,'重庆永川');
Query OK, 8 rows affected (0.01 sec)
Records:8 Duplicates:0 Warnings:0
```

向 user 数据表中插入多条数据的结果如图 4.14 所示。

图 4.14　向 user 数据表中插入多条数据的结果

知识 4.3.2　修改数据

MySQL 提供了 UPDATE 关键字来执行数据修改操作。

1　修改所有数据

修改所有数据的语法格式如下。

```
UPDATE [IGNORE] 数据表名称
SET  列名称 1=表达式 1 [,列名称 2=表达式 2…]
[WHERE  条件]
```

SET 子句根据 WHERE 子句中指定的条件对符合条件的数据进行修改，若语句中不设定 WHERE 子句，则更新所有列。

【例 4.16】将 user 数据表中的贷款金额都增加 500。

```
mysql> UPDATE user
    -> SET '贷款金额'='贷款金额'+500;
Query OK, 11 rows affected (0.01 sec)
Rows matched:11 Changed:11 Warnings:0
```

修改所有数据的结果如图 4.15 所示。

图 4.15　修改所有数据的结果

2　修改指定数据

修改数据时，一般会用 WHERE 子句限定修改范围，语法格式如下。

```
UPDATE  数据表名称
SET  列名称 1=表达式 1 [,列名称 2=表达式 2,…]
WHERE  条件;
```

【例 4.17】将 user 数据表中用户姓名为"张三"的数据行对应的联系电话修改为 49578123。

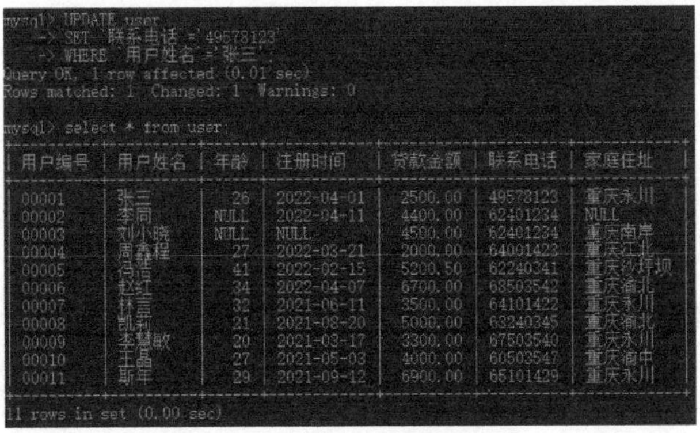

```
mysql> UPDATE user
    -> SET '联系电话'='49578123'
    -> WHERE '用户姓名'='张三';
Query OK, 1 row affected (0.01 sec)
Rows matched:1 Changed:1 Warnings:0
```

修改联系电话的结果如图 4.16 所示。

图 4.16　修改联系电话的结果

知识 4.3.3　删除数据

从数据表中删除数据一般使用 DELETE 语句，它允许用 WHERE 子句指定删除条件。删除数据可以分为两种情况：删除指定数据和删除所有数据。

1　删除指定数据

删除数据可以使用 DELETE 语句，语法格式如下。

```
DELETE FROM　数据表名称
WHERE 条件;
```

"FROM　数据表名称"指定从何处删除数据，数据表名称为要删除的表的名称，WHERE 子句中的条件为指定的删除条件。

【例 4.18】将 user 数据表中贷款金额小于 4000.00 的数据删除。

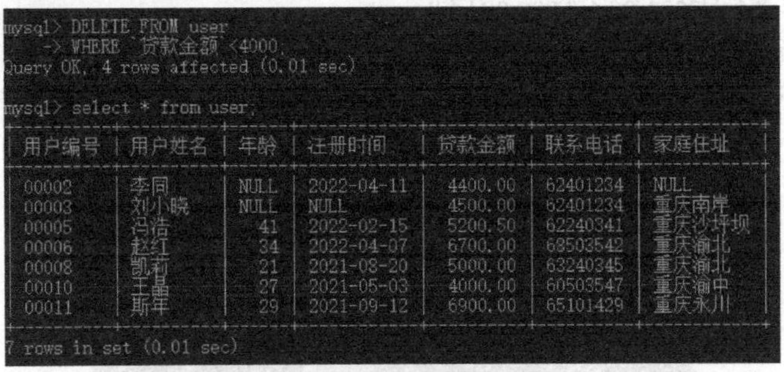

```
mysql> DELETE FROM user
    -> WHERE '贷款金额'<4000.00;
Query OK, 4 rows affected (0.01 sec)
```

删除指定数据的结果如图 4.17 所示。

图 4.17　删除指定数据的结果

2 删除所有数据

【例 4.19】将 user 数据表中的所有数据删除。

```
mysql> DELETE FROM user;
Query OK, 7 rows affected (0.01 sec)
```

删除所有数据的结果如图 4.18 所示。

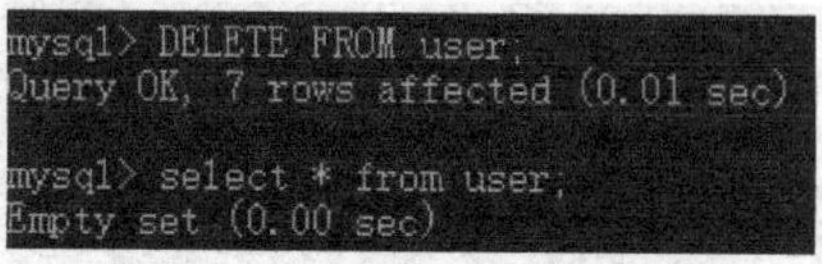
```
mysql> DELETE FROM user;
Query OK, 7 rows affected (0.01 sec)

mysql> select * from user;
Empty set (0.00 sec)
```

图 4.18 删除所有数据的结果

修改多表数据的语法格式如下。

```
UPDATE [IGNORE] 数据表名称列表
SET 表名称.列名称 1=表达式 1 [,列名称 2=表达式 2,…]
[WHERE 条件];
```

【例 4.20】根据还款金额明细表 refund 中的客户还款金额，修改贷款金额表 loans_figure 中的贷款金额。

步骤 1：创建还款金额明细表 refund。

```
mysql> CREATE TABLE refund
    ->(
    ->'用户编号' char(7) NOT NULL ,
    ->'用户姓名' varchar(10) NOT NULL ,
    ->'还款时间' date,
    ->'还款金额' float(7,2),
    ->'是否逾期' enum('是','否') NOT NULL
    ->);
Query OK, 0 rows affected, 1 warning (0.03 sec)
```

步骤 2：在还款金额明细表 refund 中录入还款数据，录入结果如图 4.19 所示。

```
mysql> INSERT INTO refund
    -> VALUES('00004','周鑫程','2022-06-21',1000.00,'否'),
    ->('00007','林言','2021-08-11',2000.00,'否'),
    ->('00008','凯莉','2021-10-20',4000.00,'是'),
    ->('00009','李慧敏','2021-06-17',800.00,'否'),
    ->('00011','斯年','2021-10-30',6400.00,'是');
Query OK, 5 rows affected,1 warning(0.01 sec)
```

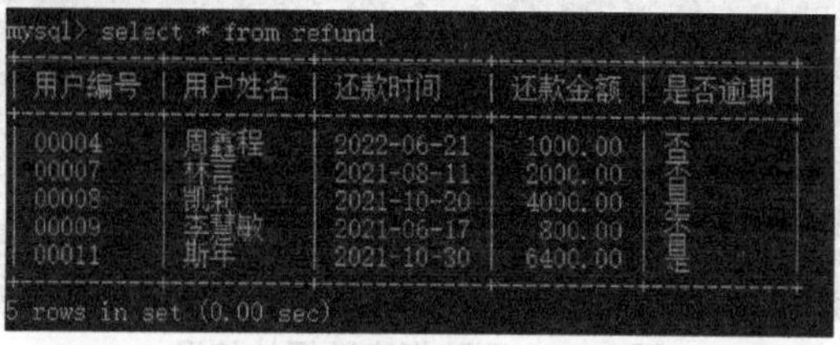
mysql> select * from refund;

用户编号	用户姓名	还款时间	还款金额	是否逾期
00004	周鑫程	2022-06-21	1000.00	否
00007	林言	2021-08-11	2000.00	否
00008	凯莉	2021-10-20	4000.00	是
00009	李慧敏	2021-06-17	800.00	否
00011	斯年	2021-10-30	6400.00	是

5 rows in set (0.00 sec)

图 4.19 还款金额明细表 refund 的录入结果

步骤3：创建贷款金额表 loans_figure。

```
mysql> CREATE TABLE loans_figure
    ->(
    ->'用户编号' char(7) NOT NULL,
    ->'用户姓名' varchar(10) NOT NULL,
    ->'贷款时间' date,
    ->'贷款金额' float(7,2),
    ->'还款时间' date
    ->);
Query OK, 5 rows affected, 1 warning(0.03 sec)
```

步骤4：在贷款金额表 loans_figure 中录入贷款金额数据，录入结果如图 4.20 所示。

```
mysql> INSERT INTO loans_figure
    -> VALUES('00001','张三','2022-04-01',2000.00,'2022-11-01'),
    ->('00002','李同','2022-04-11',3900.00,'2022-12-11'),
    ->('00003','刘小晓','2022-05-21',4000,'2022-11-21'),
    ->('00004','周鑫程','2022-03-21',1500.00,'2022-06-21'),
    ->('00005','冯浩','2022-02-15',4700.50,'2022-10-15'),
    ->('00006','赵红','2022-04-07',6200.00,'2022-07-07'),
    ->('00007','林言','2021-06-11',3000.00,'2021-08-11'),
    ->('00008','凯莉','2021-08-20',4500.00,'2021-09-20'),
    ->('00009','李慧敏','2021-03-17',2800.00,'2021-06-17'),
    ->('00010','王晶','2021-05-03',3500.00,'2021-10-03'),
    ->('00011','斯年','2021-09-12',6400.00,'2021-10-30');
Query OK, 11 rows affected (0.01 sec)
Records:11 Duplicates:0 Warnings:0
```

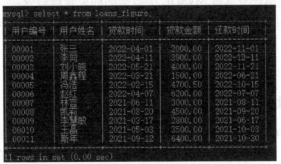

图 4.20 贷款金额表 loans_figure 的录入结果

步骤5：根据还款金额明细表 refund 中的还款金额，修改贷款金额表 loans_figure 中的贷款金额，修改结果如图 4.21 所示。

```
mysql> UPDATE refund, loans_figure
    -> SET loans_figure.'贷款金额'=loans_figure.'贷款金额'-refund.'还款金额'
    -> WHERE refund.'用户编号'=loans_figure.'用户编号';
Query OK, 11 rows affected (0.01 sec)
Rows matched:5 Changed:5 Warnings:0
```

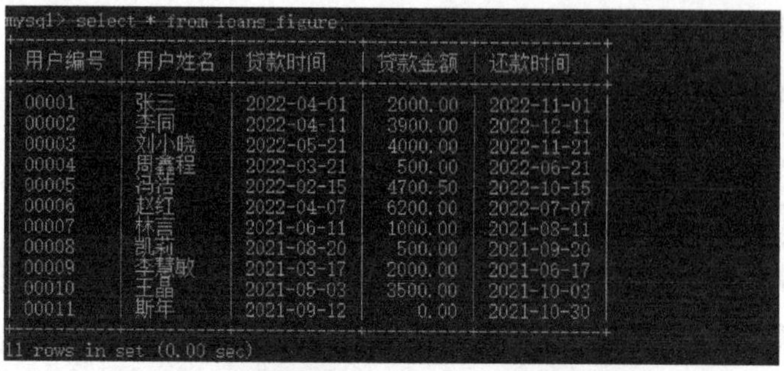

图 4.21　贷款金额表 loans_figure 的修改结果

任务四　数据约束管理

【任务要求】

知识要求：掌握数据约束管理的操作方法。
实施要求：根据项目完成数据之间的约束管理。
技能要求：具备数据约束管理的技能。

【任务实施】

（1）课前，学生预习数据约束管理的操作方法。
（2）课上，学生根据任务掌握 MySQL 中数据的约束管理命令。
（3）课后，学生巩固 MySQL 中数据的约束管理命令，并进行知识拓展。

【任务知识】

知识 4.4.1　约束与完整性

为了防止数据表中插入错误数据，MySQL 定义了一些维护数据库完整性和唯一性的规则，即表的约束。例如，输入的类型是否正确（年龄必须是数字）、输入的格式是否正确（Email地址必须包含"@"符号）、是否在允许的范围内（性别只能是"男"或"女"）等。

约束与完整性之间的关系如表 4.12 所示。

表 4.12　约束与完整性之间的关系

完整性类型	约束类型	描述	约束对象
列完整性	DEFAULT（默认约束）	使用 INSERT 语句插入数据时，若已定义默认值的列没有提供指定值，则将该默认值插入记录中	列
	CHECK（检查约束）	指定某一列可接受的值	列

续表

完整性类型	约束类型	描述	约束对象
实体完整性	PRIMARY KEY（主键约束）	每行记录的唯一标识符； 确保用户不能输入重复值，并自动创建索引，提高性能； 该列不允许使用空值	行
	UNIQUE（唯一性约束）	强制执行值的唯一性，防止出现重复值； 表中不允许有两行的同一列有相同的非空值	列
参考完整性	FOREIGN KEY（外键约束）	定义一列或几列，其值与本表或其他表的主键或 UNIQUE 列匹配	表与表之间

知识 4.4.2　约束

1　设置主键约束

主键也称主码，用于标识表中唯一的一条记录。一个数据表只能有一个主键，并且主键值不能为空。

主键约束是最常用的一种约束，设置主键约束的关键字为 PRIMARY KEY。用户可以在定义字段时设置主键约束，也可以在定义所有字段后再设置主键约束。

知识小贴士

主键约束要求被约束字段不重复，也不允许出现 NULL 值，每个数据表最多只允许含有一个主键。

【例 4.21】创建 user2 数据表，将“用户编号”定义为主键。

```
mysql> CREATE TABLE user2
    ->(
    ->'用户编号' int NOT NULL PRIMARY KEY,
    ->'用户姓名' varchar(10) NOT NULL,
    ->'年龄' int,
    ->'注册时间' date,
    ->'贷款金额' float(5,2),
    ->'联系电话' int(11) NOT NULL,
    ->'家庭住址' varchar(40)
    ->);
Query OK, 0 rows affected, 2 warnings(0.06 sec)
```

设置主键的结果如图 4.22 所示。

```
mysql> desc user2;
+----------+-------------+------+-----+---------+-------+
| Field    | Type        | Null | Key | Default | Extra |
+----------+-------------+------+-----+---------+-------+
| 用户编号 | int         | NO   | PRI | NULL    |       |
| 用户姓名 | varchar(10) | NO   |     | NULL    |       |
| 年龄     | int         | YES  |     | NULL    |       |
| 注册时间 | date        | YES  |     | NULL    |       |
| 贷款金额 | float(5,2)  | YES  |     | NULL    |       |
| 联系电话 | int         | NO   |     | NULL    |       |
| 家庭住址 | varchar(40) | YES  |     | NULL    |       |
+----------+-------------+------+-----+---------+-------+
7 rows in set (0.01 sec)
```

图 4.22　设置主键的结果

【例 4.22】在 user2 数据表中插入表 4.13 所示的数据。

表 4.13 向 user2 数据表中插入的数据

用户编号	用户姓名	年龄	注册时间	贷款金额	联系电话	家庭住址
1	刘航鑫	31	2022-01-20	200.00	64001423	重庆南岸
1	张辉	29	2022-02-10	300.50	64303412	重庆永川

```
mysql> INSERT INTO user2 VALUES
    ->(1,'刘航鑫',31,'2022-01-20',200.00,64001423,'重庆南岸'),
    ->(1,'张辉',29,'2022-02-10',300.50,64303412,'重庆永川');
ERROR 1062(23000): Duplicate entry '1' for key 'user2.PRIMARY'
```

以上语句执行报错是因为将"用户编号"设为了主键。当插入的两条数据的"用户编号"一致时，系统会报错。主键相同时的报错及修改如图 4.23 所示。

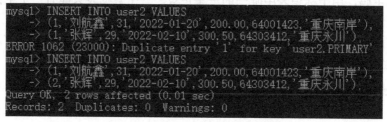

图 4.23 主键相同时的报错及修改

🖥 知识小贴士

出现图 4.23 所示的报错时，系统不允许直接删除外键，必须先解除外键关系。解除外键关系的语法如下。

（1）删除外键

```
ALTER TABLE 数据表名称 DROP FOREIGN KEY 外键名称;
```

（2）关闭外键约束

```
SET FOREIGN_KEY_CHECKS = 0;
```

外键的值设置为 0 说明此时是关闭状态，把值设置为 1 即可恢复外键功能。

2 设置复合主建

复合主键是指数据表的主键由一个以上字段组成。

【例 4.23】创建 user3 数据表，将"用户编号"和"联系电话"设置为复合主键。

```
mysql> CREATE TABLE user3
    ->(
    ->'用户编号' int NOT NULL,
    ->'用户姓名' varchar(10) NOT NULL,
    ->'年龄' int,
    ->'注册时间' date,
    ->'贷款金额' float(5,2),
    ->'联系电话' int(11) NOT NULL,
```

```
    ->'家庭住址' varchar(40),
    ->PRIMARY KEY('用户编号','联系电话')
    ->);
Query OK, 0 rows affected, 2 warnings (0.07 sec)
```

设置复合主键的结果如图 4.24 所示。

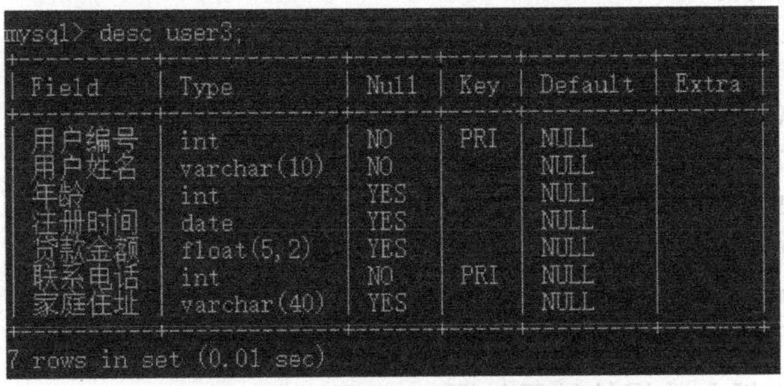

```
mysql> desc user3;
+----------+-------------+------+-----+---------+-------+
| Field    | Type        | Null | Key | Default | Extra |
+----------+-------------+------+-----+---------+-------+
| 用户编号 | int         | NO   | PRI | NULL    |       |
| 用户姓名 | varchar(10) | NO   |     | NULL    |       |
| 年龄     | int         | YES  |     | NULL    |       |
| 注册时间 | date        | YES  |     | NULL    |       |
| 贷款金额 | float(5,2)  | YES  |     | NULL    |       |
| 联系电话 | int         | NO   | PRI | NULL    |       |
| 家庭住址 | varchar(40) | YES  |     | NULL    |       |
+----------+-------------+------+-----+---------+-------+
7 rows in set (0.01 sec)
```

图 4.24　设置复合主键的结果

3　设置自增约束

在向数据表中插入数据时，如果希望每条记录的“编号”自动生成，并且按顺序排列，可以为该字段设置自增约束。

设置自增约束的关键字为 AUTO_INCREMENT，语法格式如下。

```
字段名 数据类型 AUTO_INCREMENT;
```

设置自增约束时要注意以下三点。

（1）一个数据表只能设置一个字段为自增约束，并且该字段必须为主键。

（2）默认的初始值为 1，每增加一条记录，字段值自动增加 1。

（3）字段类型必须为整数型。

【例 4.24】创建 user4 数据表，设置主键为自增约束，并插入表 4.14 所示的数据。

表 4.14　向 user4 数据表中插入的数据

用户编号	用户姓名	年龄	注册时间	贷款金额	联系电话	家庭住址
	周鑫程				64001423	重庆江北
	冯浩				62240341	重庆沙坪坝
	赵红				68503542	重庆渝北
	樊志豪				68503542	重庆永川

步骤 1：创建 user4 数据表。

```
mysql> CREATE TABLE user4
    ->(
    ->'用户编号' int NOT NULL PRIMARY KEY AUTO_INCREMENT,
    ->'用户姓名' varchar(10) NOT NULL,
    ->'年龄' int,
    ->'注册时间' date,
    ->'贷款金额' float(5,2),
    ->'联系电话' int(11) NOT NULL,
```

```
    ->'家庭住址' varchar(40)
    ->);
Query OK, 0 rows affected, 2 warnings (0.03 sec)
```

步骤 2：向 user4 数据表中插入数据。

```
mysql> INSERT INTO user4
    ->('用户姓名','联系电话','家庭住址')
    ->VALUES
    ->('周鑫程',64001423,'重庆江北'),
    ->('冯浩',62240341,'重庆沙坪坝'),
    ->('赵红',68503542,'重庆渝北'),
    ->('樊志豪',68503542,'重庆永川');
Query OK, 4 rows affected (0.01 sec)
Records:4 Duplicates:0 Warnings:0
```

向 user4 数据表中插入数据的结果如图 4.25 所示。

```
mysql> select * from user4
+----------+----------+------+----------+----------+----------+------------+
| 用户编号 | 用户姓名 | 年龄 | 注册时间 | 贷款金额 | 联系电话 | 家庭住址   |
+----------+----------+------+----------+----------+----------+------------+
|        1 | 周鑫程   | NULL | NULL     |     NULL | 64001423 | 重庆江北   |
|        2 | 冯浩     | NULL | NULL     |     NULL | 62240341 | 重庆沙坪坝 |
|        3 | 赵红     | NULL | NULL     |     NULL | 68503542 | 重庆渝北   |
|        4 | 樊志豪   | NULL | NULL     |     NULL | 68503542 | 重庆永川   |
+----------+----------+------+----------+----------+----------+------------+
4 rows in set (0.01 sec)
```

图 4.25　向 user4 数据表中插入数据的结果

4　设置非空约束

设置非空约束的关键字为 NOT NULL，其作用是规定字段的值不能为空。向数据表中插入数据时，如果设置非空约束的字段没有指定值，系统就会报错。

设置非空约束的语法格式如下。

```
字段名 数据类型 NOT NULL;
```

如图 4.25 所示，user4 数据表中的用户编号、用户姓名和联系电话字段中设置了非空约束，如果插入数据时没有对应的值，系统将会报错。

5　设置唯一性约束

在关系模型中，唯一性约束像主键一样，是表的一列或一组列，它们的值在任何时候都是唯一的。当在设置了唯一性约束的字段中插入的数据与已存在的数据相同时，系统会报错。

（1）定义某一列之后直接指定唯一性约束的语法格式如下。

```
列名称 数据类型 UNIQUE;
```

【例 4.25】在创建 user4 数据表时，将“联系电话”设置为唯一性约束。

```
mysql> CREATE TABLE user4
    ->(
    ->'用户编号' int NOT NULL PRIMARY KEY AUTO_INCREMENT,
    ->'用户姓名' varchar(10) NOT NULL,
    ->'年龄' int,
    ->'注册时间' date,
```

```
->'贷款金额' float(5,2),
->'联系电话' int NOT NULL UNQUE,
->'家庭住址' varchar(40)
->);
```

（2）定义所有列之后指定唯一性约束的语法格式如下。

```
UNIQUE(列名称);
```

6 设置默认约束

设置默认约束的关键字为 DEFAULT，语法格式如下。

```
字段名称 数据类型 DEFAULT 值;
```

【例 4.26】创建 user5 数据表，设置主键为自增约束，地区设置为默认值"西南"，其他数据如表 4.15 所示。

表 4.15 向 user5 数据表中插入的数据

用户编号	用户姓名	年龄	地区 （默认值为"西南"）	注册时间	贷款金额	联系电话	家庭住址
	周鑫程					64001423	重庆江北
	冯浩					62240341	重庆沙坪坝
	赵红					68503542	重庆渝北

步骤 1：建立数据表。

```
mysql> CREATE TABLE user5
    ->(
    ->'用户编号' int NOT NULL PRIMARY KEY AUTO_INCREMENT,
    ->'用户姓名' varchar(10) NOT NULL,
    ->'年龄' int,
    ->'地区' varchar(40) NOT NULL DEFAULT '西南',
    ->'注册时间' date,
    ->'贷款金额' float(5,2),
    ->'联系电话' int NOT NULL,
    ->'家庭住址' varchar(40)
    ->);
Query OK, 0 rows affected, 1 warning (0.04 sec)
```

步骤 2：向表中插入数据。

```
mysql> INSERT INTO user5
    ->('用户姓名','联系电话','家庭住址')
    ->VALUES
    ->('周鑫程',64001423,'重庆江北'),
    ->('冯浩',62240341,'重庆沙坪坝'),
    ->('赵红',68503542,'重庆渝北');
Query OK, 3 rows affected (0.02 sec)
Records:3 Duplicates:0 Warnings:0
```

设置默认约束的结果如图 4.26 所示。

图 4.26　设置默认约束的结果

7　设置外键约束

设置外键约束的主要作用是保证数据的完整性，一个表可以有一个或多个外键。外键用来在两个表的数据之间建立链接，可以是一列或者多列。外键对应的是参照完整性，一个表的外键可以为空值，若不为空，则每个外键值必须等于另一个表中主键的某个值。贷款金额明细表和贷款用户信息表的外键约束如图 4.27 所示。

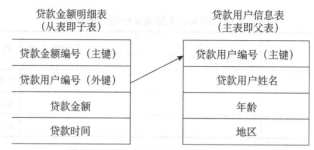

图 4.27　贷款金额明细表和贷款用户信息表的外键约束

在设置外键约束时还应注意以下两点。

（1）父表和子表必须使用相同的存储引擎，而且禁止使用临时表。

（2）数据表的存储引擎只能为 InnoDB，修改存储引擎的语法格式如下。

```
ALTER TABLE  数据表名称  ENGINE=InnoDB;
```

（3）外键列和参照列必须具有相似的数据类型。数字长度以及是否有符号必须相同，字符长度可以不同。

（4）外键列和参照列必须创建索引。如果外键列不存在索引，MySQL 将自动创建索引。在创建数据表的同时创建外键的语法格式如下。

```
CREATE TABLE  数据表名称(列名称,…)| [外键定义];
```

外键定义的语法格式如下。

```
FOREIGN KEY(列名称)
REFERENCES  数据表名称  [(列名称  [(长度)] [ASC | DESC],…)]
[ON DELETE {RESTRICT | CASCADE | SET NULL | NO ACTION}]
[ON UPDATE {RESTRICT | CASCADE | SET NULL | NO ACTION}];
```

FOREIGN KEY 表示外键约束；REFERENCES 表示数据表名称，即说明参照哪个表设置外键；ON DELETE 和 ON UPDATE 子句说明父表中的记录被删除、更新时，子表的记录怎样执行；RESTRICT 和 NO ACTION 说明在子表有关联记录的情况下，父表不能单独进行删除和更新操作；CASCADE 表示父表在进行更新和删除时，也更新和删除子表对应的记录；SET

NULL 表示父表进行更新和删除时，子表的对应字段被设为 NULL。

【任务实战】

创建贷款金额明细表和贷款用户信息表，设置（约束）贷款金额明细表中的外键为贷款用户信息表的主键，并约束贷款用户信息表拒绝更新和删除。

```
mysql> CREATE TABLE loanuser1
    ->(
    ->'贷款用户编号' int NOT NULL PRIMARY KEY,
    ->'贷款用户姓名' varchar(10),
    ->'年龄' int,
    ->'地区' varchar(40)
    ->);
Query OK, 0 rows affected (0.03 sec)
mysql> CREATE TABLE loanamount
    ->(
    ->'贷款金额编号' int NOT NULL PRIMARY KEY,
    ->'贷款用户编号' int NOT NULL,
    ->'贷款金额' int,
    ->'贷款时间' date,
    ->FOREIGN KEY('贷款用户编号')
    ->REFERENCES loanuser1('贷款用户编号')
    ->ON DELETE RESTRICT
    ->ON UPDATE RESTRICT
    ->);
Query OK, 0 rows affected (0.04 sec)
mysql> ALTER TABLE loanamount DROP '贷款用户编号';
```

【例 4.27】查找数据库中名称的第一个字母是 u 的数据表。

```
mysql> SHOW TABLES LIKE 'u%';
```

查找数据表的结果如图 4.28 所示。

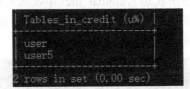

图 4.28　名称的第一个字母是 u 的数据表

知识小贴士

1. 在数据库中查找数据表的语法格式如下。

```
SHOW TABLES [LIKE 匹配模式];
```

匹配模式有以下几种情况。

（1）省略可选项表示查看当前数据库中的所有数据表。

（2）添加可选项则按照"匹配模式"查看数据表。

（3）匹配模式符"%"指匹配一个或多个字符，"%"代表任意长度的字符串。

（4）匹配模式符“_”指仅可以匹配一个字符。

2. 使用 SHOW CREATE TABLE 语句可以查看数据表的建表语句，语法格式如下。

```
SHOW CREATE TABLE 数据表名称 \G;
```

【项目小结】

本项目主要讲解了如何创建和修改数据表，同学们要掌握以下内容。

1. 创建、查看、修改数据表的操作方法。

2. 修改字段数据类型、修改字段名称、添加字段、修改字段顺序、删除字段等的操作方法。

3. 删除没有被关联的表、插入数据、修改数据、删除数据等的操作方法。

除了掌握基本的创建和修改语句，数据的约束管理也非常重要，只有掌握了基本的语法语句才能更好地设计信贷管理系统。

【提升练习】

1. 根据信贷数据库创建贷款成功用户表（loan_data2）、城市/年份贷款信息表（selectalldata）、年贷款信息表（threegrade）、各等级贷款人数表（every_grade）、贷款申请信息表（loan_p）、贷款成功用户信息表（loan3）、通过贷款用户信息表（pass_user），各表属性如下。

（1）贷款成功用户表（loan_data2）的属性包括 id、name（姓名）、phone（手机号码）、loan_amnt（贷款金额）、term（贷款周期）、int_rate（贷款利率）、grade（贷款等级）、emp_length（工作年限）、home_ownership（住房状态）、annual_inc（年收入）、issue_d（贷款时间）、loan_status（贷款状态）、purpose（贷款目的）、inq_last_6mths（近 6 个月逾期次数）、addr_state（贷款地址）。设置 id 属性为主键，如图 4.29 所示。

```
mysql> desc loan_data2;
+----------------+--------------+------+-----+---------+----------------+
| Field          | Type         | Null | Key | Default | Extra          |
+----------------+--------------+------+-----+---------+----------------+
| id             | int(11)      | NO   | PRI | NULL    | auto_increment |
| name           | varchar(255) | YES  |     | NULL    |                |
| phone          | varchar(255) | YES  |     | NULL    |                |
| loan_amnt      | varchar(255) | YES  |     | NULL    |                |
| term           | varchar(255) | YES  |     | NULL    |                |
| int_rate       | varchar(255) | YES  |     | NULL    |                |
| grade          | varchar(255) | YES  |     | NULL    |                |
| emp_length     | varchar(255) | YES  |     | NULL    |                |
| home_ownership | varchar(255) | YES  |     | NULL    |                |
| annual_inc     | varchar(255) | YES  |     | NULL    |                |
| issue_d        | varchar(255) | YES  |     | NULL    |                |
| loan_status    | varchar(255) | YES  |     | NULL    |                |
| purpose        | varchar(255) | YES  |     | NULL    |                |
| inq_last_6mths | varchar(255) | YES  |     | NULL    |                |
| addr_state     | varchar(255) | YES  |     | NULL    |                |
+----------------+--------------+------+-----+---------+----------------+
15 rows in set (0.00 sec)
```

图 4.29　贷款成功用户表（loan_data2）的属性

（2）城市/年份贷款信息表（selectalldata）的属性包括 id、citys（城市）、year（年份）、allloanbum（贷款人数）、goodloannum（信用好人数）、badloannumL（信用差人数）、otherloannum（信用中等人数）、loanmoney（贷款类型）等，如图 4.30 所示。

```
mysql> desc selectalldata;
+---------------+--------------+------+-----+---------+----------------+
| Field         | Type         | Null | Key | Default | Extra          |
+---------------+--------------+------+-----+---------+----------------+
| id            | int(11)      | NO   | PRI | NULL    | auto_increment |
| citys         | varchar(255) | YES  |     | NULL    |                |
| year          | varchar(255) | YES  |     | NULL    |                |
| allloanbum    | longtext     | YES  |     | NULL    |                |
| goodloannum   | longtext     | YES  |     | NULL    |                |
| badloannumL   | longtext     | YES  |     | NULL    |                |
| otherloannum  | longtext     | YES  |     | NULL    |                |
| loanmoney     | longtext     | YES  |     | NULL    |                |
+---------------+--------------+------+-----+---------+----------------+
8 rows in set (0.00 sec)
```

图 4.30　城市/年份贷款信息表（selectalldata）的属性

（3）年贷款信息表（threegrade）的属性包括 year（年份）、goodgrade（信用好人数）、badgrade（信用差人数）、othergrade（其他）等，如图 4.31 所示。

```
mysql> desc threegrade;
+------------+--------------+------+-----+---------+-------+
| Field      | Type         | Null | Key | Default | Extra |
+------------+--------------+------+-----+---------+-------+
| year       | varchar(255) | YES  |     | NULL    |       |
| goodgrade  | float        | YES  |     | NULL    |       |
| badgrade   | float        | YES  |     | NULL    |       |
| othergrade | float        | YES  |     | NULL    |       |
+------------+--------------+------+-----+---------+-------+
4 rows in set (0.00 sec)
```

图 4.31　年贷款信息表（threegrade）的属性

（4）各等级贷款人数表（every_grade）的属性包括 grade（等级）、num（贷款人数）等，如图 4.32 所示。

```
mysql> desc every_grade;
+-------+--------------+------+-----+---------+-------+
| Field | Type         | Null | Key | Default | Extra |
+-------+--------------+------+-----+---------+-------+
| grade | varchar(255) | YES  |     | NULL    |       |
| num   | int(11)      | YES  |     | NULL    |       |
+-------+--------------+------+-----+---------+-------+
2 rows in set (0.01 sec)
```

图 4.32　各等级贷款人数表（every_grade）的属性

（5）贷款申请信息表（loan_p）的属性包括 id、name（姓名）、sex（性别）、year（年份）、phone（手机号码）、bodyphone（身份证号码）、emp_length（工作年限）、home_ownership（住房状态）、annual_inc（年收入）、want_money（申请贷款金额）、now_time（申请时间）、status（审批状态）等，如图 4.33 所示。

（6）贷款成功用户信息表（loan3）的属性包括 id、name（姓名）、phone（手机号码）、loan_amnt（贷款金额）、term（贷款周期）、int_rate（贷款利率）、grade（贷款等级）、emp_length（工作年限）、home_ownership（住房状态）、annual_inc（年收入）、purpose（贷款目的）、out_times（逾期次数）、addr_state（贷款地址）等，如图 4.34 所示。

mysql> desc loan_p;

Field	Type	Null	Key	Default	Extra
id	int(11)	NO	PRI	NULL	auto_increment
name	varchar(255)	YES		NULL	
sex	varchar(255)	YES		NULL	
year	int(255)	YES		NULL	
phone	varchar(255)	YES		NULL	
bodyphone	varchar(255)	YES		NULL	
emp_length	varchar(255)	YES		NULL	
home_ownership	varchar(255)	YES		NULL	
annual_inc	varchar(255)	YES		NULL	
want_money	varchar(255)	YES		NULL	
now_time	varchar(1000)	YES		NULL	
status	varchar(255)	YES		NULL	

12 rows in set (0.00 sec)

图 4.33　贷款申请信息表（loan_p）的属性

mysql> desc loan3;

Field	Type	Null	Key	Default	Extra
id	int(11)	NO	PRI	NULL	auto_increment
name	varchar(255)	YES		NULL	
phone	varchar(255)	YES		NULL	
loan_amnt	varchar(255)	YES		NULL	
term	varchar(255)	YES		NULL	
int_rate	varchar(255)	YES		NULL	
grade	varchar(255)	YES		NULL	
emp_length	varchar(255)	YES		NULL	
home_ownership	varchar(255)	YES		NULL	
annual_inc	varchar(255)	YES		NULL	
purpose	varchar(255)	YES		NULL	
out_times	varchar(255)	YES		NULL	
addr_state	varchar(255)	YES		NULL	

13 rows in set (0.00 sec)

图 4.34　贷款成功用户信息表（loan3）的属性

（7）通过贷款用户信息表（pass_user）的属性包括 id、name（姓名）、sex（性别）、year（年份）、phone（手机号码）、bodyphone（身份证号码）、emp_length（工作年限）、home_ownership（住房状态）、annual_inc（年收入）、want_money（申请贷款金额）、status（贷款状态）、now_time（申请时间）等，如图 4.35 所示。

mysql> desc pass_user;

Field	Type	Null	Key	Default	Extra
id	int(11)	NO	PRI	NULL	auto_increment
name	varchar(255)	YES		NULL	
sex	varchar(255)	YES		NULL	
year	varchar(255)	YES		NULL	
phone	varchar(255)	YES		NULL	
bodyphone	varchar(255)	YES		NULL	
emp_length	varchar(255)	YES		NULL	
home_ownership	varchar(255)	YES		NULL	
annual_inc	varchar(255)	YES		NULL	
want_money	varchar(255)	YES		NULL	
status	varchar(255)	YES		NULL	
now_time	varchar(255)	YES		NULL	

12 rows in set (0.00 sec)

图 4.35　通过贷款用户信息表（pass_user）的属性

2. 在贷款成功用户表（loan_data2）中新增一个“证件照片”字段，字段类型为 blob。
3. 在贷款成功用户表（loan_data2）中将 inq_last_6mths 字段修改为 inq_last_1year 字段。
4. 在贷款成功用户表（loan_data2）中删除 emp_length 字段。

5. 在贷款成功用户表（loan_data2）中插入以下数据。

id	name（姓名）	phone（手机号码）	loan_amnt（贷款金额）	issue_d（贷款时间）
	冯浩	13412345678	3000.00	2022-02-12
	周新程	13512345678	1000.00	2022-03-15
	刘航鑫	13612345678	1200.00	2022-04-17
	杨鹏程	13712345123	6000.00	2022-06-14
	阳斌	13812345245	5700.00	2022-08-15
	姚蕾	13912345678	2500.00	2022-10-17
	陈洪平	18912345789	6700.00	2022-04-22
	胡琴	19912343836	4300.00	2022-02-25
	雷胜	19934383678	5500.00	2022-01-06

6. 在贷款成功用户表（loan_data2）中修改 id 为 3 的 loan_amnt（贷款金额）为 3200.00。
7. 在贷款成功用户表（loan_data2）中删除 id 为 2 的数据。

项目五　项目数据查询

★ 知识目标
　　（1）掌握 SELECT 查询语句的格式
　　（2）掌握条件语句的格式
　　（3）掌握分组和汇总语句的格式
　　（4）掌握连接查询语句的格式
　　（5）掌握子查询和连接查询语句的格式

★ 技能目标
　　（1）能够进行单表数据查询
　　（2）能够进行多表连接查询
　　（3）能够使用子查询进行数据查询、插入、更新和删除等操作

★ 素养目标
　　（1）具有精益求精的职业精神
　　（2）具有良好的团队合作精神

★ 教学重点
　　（1）单表数据查询
　　（2）多表连接查询
　　（3）使用子查询进行数据查询、插入、更新和删除等操作

任务一　单表数据查询

【任务要求】

　　知识要求：掌握单表数据查询的方法。
　　实施要求：完成单表数据查询的操作。
　　技术要求：具备单表数据查询的基本技能。

【任务实施】

　　（1）课前，教师发布任务书，学生根据任务书在线学习单表查询的相关知识，查询系统

中的贷款用户基本信息。

（2）课上，教师对学生的课前任务完成情况进行评讲。

（3）课后，学生根据教师点评完善贷款用户基本信息的查询操作，并实现其他单表查询。

【任务知识】

知识 5.1.1　SELECT 语句

1　基本格式

从数据表中查询数据的基本语句为 SELECT 语句，语法格式如下。

```
SELECT 字段名称或表达式列表
FROM 数据表名称或视图名称
[WHERE 条件表达式]
[GROUP BY 分组的字段名称或表达式]
[HAVING 筛选条件]
[ORDER BY 排序的字段名称或表达式 ASC|DESC]
[数据表的别名];
```

2　功能

以上语句的功能是根据 WHERE 子句的条件表达式从 FROM 子句指定的数据表中找出满足条件的记录，选出记录中的字段值，把查询结果以表格的形式返回。

3　说明

SELECT 关键字后跟随的是要检索的字段列表，并且指定了字段的顺序。查询子句的顺序为 SELECT、FROM、WHERE、GROUP BY、HAVING、ORDER BY 等，SELECT 子句和 FROM 子句是必须存在的，其余子句均可省略，HAVING 子句只能和 GROUP BY 子句搭配使用。

（1）SELECT 关键字后面的字段名称或表达式列表表示需要查询的字段名称或表达式。

（2）FROM 子句是 SELECT 语句必须包含的子句，用于标识检索数据的一张或多张数据表或视图。

（3）WHERE 子句用于设定查询条件，如果有 WHERE 子句，就按照条件表达式规定的条件进行查询。如果没有 WHERE 子句，就查询所有记录。

（4）GROUP BY 子句用于将查询结果按指定的一个字段或多个字段的值进行分组统计，分组字段或表达式的值相等的数据被分为同一组。GROUP BY 子句通常与 Count( )、Sum( )等聚合函数配合使用。

（5）HAVING 子句与 GROUP BY 子句配合使用，用于进一步限定筛选条件，满足该筛选条件的数据才能被输出。

（6）ORDER BY 子句用于将查询结果按指定的字段进行排序，包括升序排列和降序排列。ASC 表示升序排列，DESC 表示降序排列。默认状态下，按升序方式排列。

（7）数据表的别名用于代替数据表的原名称。

知识 5.1.2　单表查询

1　简单数据查询

MySQL 可以通过 SELECT 语句实现数据记录的查询，语法格式如下。

```
SELECT *|字段列表
FROM 数据表;
```

在上述语句中，“*”表示查询所有字段的数据，“字段列表”表示查询指定字段的数据，“数据表”是所要查询数据的表名。

（1）查询所有字段的数据

【例 5.1】查询 project 数据库中贷款目的信息表（purpose_amount）中所有字段的数据。

步骤 1：查看贷款目的信息表（purpose_amount）的表结构。

```
mysql>DESC purpose_amount;
```

运行结果如图 5.1 所示。

```
mysql> DESC purpose_amount;
+---------+--------------+------+-----+---------+-------+
| Field   | Type         | Null | Key | Default | Extra |
+---------+--------------+------+-----+---------+-------+
| purpose | varchar(255) | NO   |     | NULL    |       |
| amount  | int          | YES  |     | NULL    |       |
+---------+--------------+------+-----+---------+-------+
2 rows in set (0.00 sec)
```

图 5.1　贷款目的信息表（purpose_amount）的表结构

步骤 2：选择数据表 purpose_amount 所在的数据库，执行 SELECT 语句查询所有字段的数据。

```
mysql>SELECT * FROM purpose_amount;
```

运行结果如图 5.2 所示。

```
mysql> SELECT * FROM purpose_amount;
+----------------+--------+
| purpose        | amount |
+----------------+--------+
| 房屋装修       |  51829 |
| 搬家           |   5414 |
| 医疗费用       |   8540 |
| 买房           |   3707 |
| 家庭采购       |  17277 |
| 买车           |   8863 |
| 还债           | 524216 |
| 其他           |  42894 |
| 教育支出       |    423 |
| 度假           |   4736 |
| 举办婚礼       |   2347 |
| 还信用卡       | 206181 |
| 做生意         |  10377 |
| 可再生资源投资 |    575 |
+----------------+--------+
14 rows in set (0.00 sec)
```

图 5.2　贷款目的信息表（purpose_amount）中所有字段的数据

（2）查询指定字段的数据

如果需要查询表中某些字段的数据，在 SELECT 关键字后指定需要查询的字段即可，字段名之间要用“,”隔开。

【例 5.2】查询 project 数据库中 loan_p 数据表的 name、sex、annual_inc 和 want_money 四个字段的数据。

选择 loan_p 数据表所在的数据库，执行 SELECT 语句查询指定的数据。

```
mysql>SELECT name, sex, annual_inc, want_money FROM loan_p;
```

运行结果如图 5.3 所示。

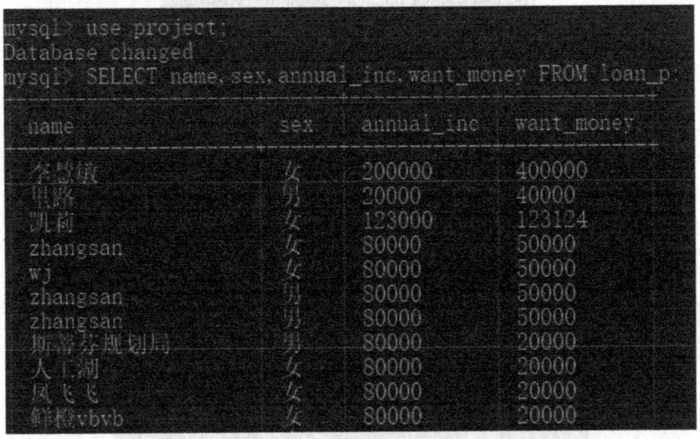

```
mysql> use project;
Database changed
mysql> SELECT name, sex, annual_inc, want_money FROM loan_p;
+-----------------+------+------------+------------+
| name            | sex  | annual_inc | want_money |
+-----------------+------+------------+------------+
| 李慧敏          | 女   | 200000     | 400000     |
| 里路            | 男   | 20000      | 40000      |
| 凯荷            | 女   | 123000     | 123124     |
| zhangsan        | 女   | 80000      | 50000      |
| wj              | 女   | 80000      | 50000      |
| zhangsan        | 男   | 80000      | 50000      |
| zhangsan        | 男   | 80000      | 50000      |
| 斯蒂芬规划局    | 男   | 80000      | 20000      |
| 人工湖          | 女   | 80000      | 20000      |
| 风飞飞          | 女   | 80000      | 20000      |
| 鲜橙vbvb        | 女   | 80000      | 20000      |
```

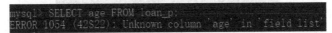

图 5.3　loan_p 数据表中指定字段的数据

通过 SELECT 语句成功查询到 loan_p 中 name、sex、annual_inc、want_money 字段的数据信息，且查询结果的排列顺序与 SELECT 关键字后字段的顺序一致。

如果指定字段在数据表中不存在，则查询报错。例如在 loan_p 数据表中查询字段名为 age 的数据，执行以下语句。

```
mysql>SELECT age FROM loan_p;
```

运行结果如图 5.4 所示。

```
mysql> SELECT age FROM loan_p;
ERROR 1054 (42S22): Unknown column 'age' in 'field list'
```

图 5.4　loan_p 数据表中 age 字段的数据

结果显示运行报错，提示不存在 age 字段。

（3）去除重复查询结果

如果查询结果中出现重复的数据，可以在 SELECT 语句中使用 DISTINCT 关键字去除重复数据，语法格式如下。

```
SELECT DISTINCT 字段名称
FROM 数据表名称;
```

【例 5.3】查询 project 数据库中 loan_p 数据表的 name 字段，使返回的查询结果中不存在重复的数据记录。

步骤 1：执行 SELECT 语句查询 name 字段的值。

```
mysql>SELECT name FROM loan_p;
```

运行完成后，未消除重复数据的查询结果如图 5.5 所示。

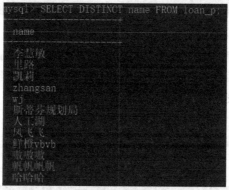

图 5.5　未消除重复数据的查询结果

步骤 2：使用 DISTINCT 关键字消除重复数据。

```
mysql>SELECT DISTINCT name FROM loan_p;
```

消除重复数据的查询结果如图 5.6 所示。

图 5.6　消除重复数据的查询结果

（4）限制查询结果数

查询结果可能会包含很多数据，如果仅需要结果中的某些行的数据，可以使用 LIMIT 关键字实现，语法格式如下。

```
SELECT *|字段列表
FROM  数据表名称
LIMIT [位置偏移量,] 行数;
```

其中，"位置偏移量"指定从查询结果中的哪一行数据开始截取，是一个可选参数。如果不指定位置偏移量，则默认从查询结果的第一行开始截取。"行数"指定从查询结果中截取数据记录的行数。

【例 5.4】查询 project 数据库中 loan_p 数据表的前 5 行数据。

```
mysql>SELECT * FROM loan_p LIMIT 5;
```

运行结果如图 5.7 所示。

图 5.7 loan_p 数据表的前 5 行数据

【例 5.5】查询 loan_p 数据表中偏移量为 3、行数为 5 的数据。

mysql>SELECT * FROM loan_p LIMIT 3,5;

运行结果如图 5.8 所示。

图 5.8 loan_p 数据表中偏移量为 3、行数为 5 的数据

2 条件数据查询

在 MySQL 中通过 WHERE 关键字对查询数据进行筛选，语法格式如下。

SELECT 字段列表
FROM 数据表
WHERE 查询条件;

条件数据查询可以分为以下几种。

（1）关系运算条件查询

MySQL 支持的关系运算符如表 5.1 所示。

表 5.1 MySQL 支持的关系运算符

序号	运算符	说明
1	=	等于
2	<>	不等于
3	!=	不等于
4	<	小于
5	!<	不小于
6	>	大于
7	!>	不大于
8	<=	小于或等于
9	>=	大于或等于

【例 5.6】查询 loan_p 数据表中身份证号码为 9634564165595959 的贷款用户信息。

```
mysql>SELECT * FROM loan_p WHERE bodyphone='9634564165595959';
```

运行结果如图 5.9 所示。

图 5.9　身份证号码为 9634564165595959 的贷款用户信息

【例 5.7】查询 loan_p 数据表中工作年限大于或等于 10 年的贷款用户信息。

```
mysql>SELECT * FROM loan_p WHERE emp_length >=10;
```

运行结果如图 5.10 所示。

图 5.10　工作年限大于或等于 10 年的贷款用户信息

（2）逻辑运算条件查询

MySQL 支持的逻辑运算符如表 5.2 所示。

表 5.2　MySQL 支持的逻辑运算符

序号	运算符	说明
1	AND（&&）	逻辑与
2	OR（||）	逻辑或
3	XOR	逻辑异或
4	NOT（!）	逻辑非

实际项目中的查询往往需要满足多个查询条件。MySQL 在 WHERE 子句中通过 AND 关键字将多个条件查询表达式连接起来，只有满足所有条件表达式的记录才会被返回。

【例 5.8】查询 loan_p 数据表中工作年限等于 10 年且年收入大于或等于 100000 的贷款用

户信息。

执行如下语句，运行结果如图 5.11 所示。

mysql>SELECT * FROM loan_p WHERE emp_length =10 AND annual_inc>=100000;

图 5.11 工作年限等于 10 年且年收入大于或等于 100000 的贷款用户信息

与 AND 关键字相反，OR 关键字表示满足一种条件的记录即可被返回。

【例 5.9】查询 loan_p 数据表中工作年限等于 10 年或年收入等于 100000 的贷款用户信息。

执行如下语句，运行结果如图 5.12 所示。

mysql>SELECT * FROM loan_p WHERE emp_length =10 OR annual_inc=100000;

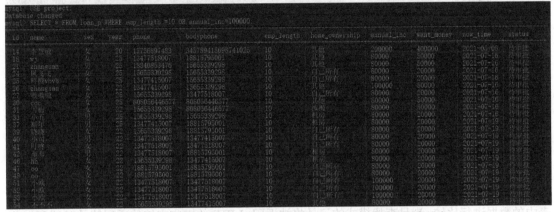

图 5.12 工作年限等于 10 年或年收入等于 100000 的贷款用户信息

（3）指定范围的条件查询

在 MySQL 中，BETWEEN…AND…语句可以实现指定范围的条件查询，语法格式如下。

```
SELECT 字段 1,字段 2…
FROM 数据表名称
WHERE 字段 1 BETWEEN 值 1 AND 值 2;
```

BETWEEN…AND…语句设置了字段 1 的取值范围，值 1 和值 2 分别为字段 1 的开始值和结束值，满足该范围的记录将被返回。

【例 5.10】查询 loan_p 数据表中贷款金额为 50000～400000 的贷款用户信息。

执行如下语句，运行结果如图 5.13 所示。

mysql>SELECT * FROM loan_p WHERE want_money BETWEEN 50000 AND 400000;

```
mysql> USE project;
Database changed
mysql> SELECT * FROM loan_p WHERE want_money BETWEEN 50000 AND 400000;
```

id	name	sex	year	phone	bodyphone	emp_length	home_ownership	annual_inc	want_money	now_time	status
14	李慧敏	女	20	17756897483	345789415698741025	10	其他	200000	400000	2021-05-08	待审批
16	[illegible]	女	21	17756897486	345789415698741012	5	租房	123000	123124	2021-05-08	待审批
17	zhangsan	女	25	18815795001	8524592874169512	20	自己所有	80000	50000	2021-07-16	待审批
18	wj	女	25	13477518007	18815795001	10	其他	80000	50000	2021-07-16	待审批
19	zhangsan	男	22	13477415007	15655339298	20	其他	80000	50000	2021-07-16	待审批
21	zhangsan	男	25	18340853476	15655339298	10	其他	80000	50000	2021-07-16	待审批
26	zhangsan	女	22	13477415007	15655339298	10	其他	100000	50000	2021-07-16	待审批
29	哈哈哈	女	25	15655339298	15655339298	20	其他	80000	50000	2021-07-16	待审批
30	ccc	女	25	808056446577	808056446577	10	其他	80000	50000	2021-07-16	待审批
31	雪梅	女	22	15655339298	808056446577	10	按揭	80000	50000	2021-07-16	待审批
75	[illegible]	男	22	145285586326	548915926584	30	自己所有	100000	50000	2021-07-20	待审批
83	王雪梅	女	22	15655339298	849265965596595	10	其他	100000	50000	2021-07-21	待审批
92	[illegible]	女	25	18815795001	26415526594152525	20	按揭	80000	200000	2021-07-21	待审批
94	小花	女	20	18815795001	4185226269596	5	其他	2000	50000	2021-07-21	待审批
95	[illegible]	女	20	18815795001	4185926249596	10	其他	20000	50000	2021-07-21	待审批
96	[illegible]	女	20	15655339298	48415830256325	10	按揭	100000	200000	2021-07-21	待审批
97	李慧敏	女	22	13477518007	254595269652695	10	租房	100000	200000	2021-07-21	待审批

```
17 rows in set (0.00 sec)
```

图 5.13　贷款金额为 50000～400000 范围内的贷款用户信息

【例 5.11】查询 loan_p 数据表中贷款金额不在 50000～400000 范围内的贷款用户信息。

执行如下语句，运行结果如图 5.14 所示。

```
mysql>SELECT * FROM loan_p WHERE want_money NOT BETWEEN 50000 AND 400000;
```

```
mysql> USE project;
Database changed
mysql> SELECT * FROM loan_p WHERE want_money NOT BETWEEN 50000 AND 400000;
```

id	name	sex	year	phone	bodyphone	emp_length	home_ownership	annual_inc	want_money	now_time	status
15	[illegible]	男	22	17756897481	345789415698741025	2	按揭	20000	40000	2021-05-08	待审批
22	[illegible]	男	25	15655339298	13477415007	20	租房	80000	20000	2021-07-16	待审批
23	[illegible]	女	22	15655339298	13477518007	20	其他	80000	20000	2021-07-16	待审批
24	[illegible]	女	25	15655339298	15655339298	10	自己所有	80000	20000	2021-07-16	待审批
25	[illegible]vbvb	女	25	13477415007	15655339298	10	自己所有	80000	20000	2021-07-16	待审批
27	[illegible]	女	25	15655339298	13477518007	10	自己所有	80000	20000	2021-07-16	待审批
28	[illegible]	男	22	15655339298	15655339298	20	自己所有	80000	20000	2021-07-16	待审批
32	小四	女	22	15655339298	15655339298	20	其他	80000	20000	2021-07-16	待审批
33	小五	男	25	15655339298	15655339298	10	租房	80000	20000	2021-07-16	待审批
34	小七	女	22	13477518007	13477415007	20	租房	80000	20000	2021-07-16	待审批
35	小八	男	25	13477518007	15655339298	20	自己所有	80000	20000	2021-07-16	待审批
36	yy	女	25	13477415007	13477518007	20	自己所有	80000	20000	2021-07-16	待审批
37	[illegible]	男	25	13477415007	18815795001	10	租房	80000	20000	2021-07-19	待审批
38	[illegible]	男	22	13477415007	13477415007	20	自己所有	80000	20000	2021-07-19	待审批
39	晓晓	女	22	15655339298	18815795001	10	自己所有	80000	20000	2021-07-19	待审批

图 5.14　贷款金额不在 50000～400000 范围内的贷款用户信息

（4）模糊条件查询

在 MySQL 中，LIKE 关键字可以实现字符匹配的模糊条件查询。LIKE 关键字和通配符对表中的数据进行比较，满足查找模式的记录将被返回。LIKE 关键字支持的通配符是“%”和“_”，“%”可以匹配任意长度的字符，包括零字符；而“_”只能匹配单个字符。

【例 5.12】查询 loan_p 数据表中所有李姓用户的贷款信息。

执行如下语句，运行结果如图 5.15 所示。

```
mysql>SELECT * FROM loan_p WHERE name LIKE '李%';
```

```
mysql> SELECT * FROM loan_p WHERE name LIKE '李%';
```

id	name	sex	year	phone	bodyphone	emp_length	home_ownership	annual_inc	want_money	now_time	status
14	李慧敏	女	20	17756897483	345789415698741025	10	其他	200000	400000	2021-05-08	待审批
80	李[illegible]	男	22	15655339298	1481663635299	10	自己所有	80000	20000	2021-07-21	待审批
97	李慧敏	女	22	13477518007	254595269652695	10	租房	100000	200000	2021-07-21	待审批

```
3 rows in set (0.00 sec)
```

图 5.15　所有李姓用户的贷款信息

【例 5.13】查询 loan_p 数据表中所有李姓且名字长度为 2 的贷款用户信息。

执行如下语句，运行结果如图 5.16 所示。

```
mysql>SELECT * FROM loan_p WHERE name LIKE '李_';
```

图 5.16　所有李姓且名字长度为 2 的贷款用户信息

（5）空值条件查询

在 MySQL 中，IS NULL 关键字可以实现判断字段值是否为空的条件查询。需要注意的是，空值不是 0 或空字符串，而是未定义、不确定或将在以后添加的数据，语法格式如下。

```
SELECT 字段 1,字段 2···
FROM 数据表名称
WHERE 字段 1 IS NULL;
```

IS NULL 关键字用于判断每一条记录的字段 1 是否为空，若为空，将被返回。

【例 5.14】查询 loan_p 数据表中电话号码为空的贷款用户信息。

执行如下语句，运行结果如图 5.17 所示。

```
mysql>SELECT * FROM loan_p WHERE phone IS NULL;
```

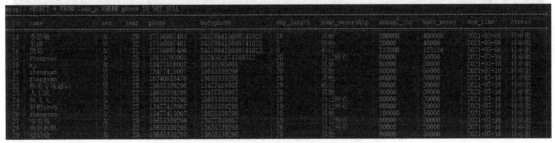

图 5.17　电话号码为空的贷款用户信息

【例 5.15】查询 loan_p 数据表中电话号码不为空的贷款用户信息。

执行如下语句，运行结果如图 5.18 所示。

```
mysql>SELECT * FROM loan_p WHERE phone IS NOT NULL;
```

图 5.18　电话号码不为空的贷款用户信息

（6）对查询结果进行排序

默认情况下，查询结果是按照数据最初添加到数据表中的顺序排序的。为了满足不同用户的需求，MySQL 提供了 ORDER BY 关键字对查询结果进行排序，语法格式如下。

```
SELECT 字段 1,字段 2,···
FROM 数据表名称
[WHERE CONDITION]
ORDER BY 字段 1[ASC|DESC] [,字段 2[ASC|DESC],···];
```

连接在 ORDER BY 之后的字段 1 表示按照该字段的值进行排序，可选参数 ASC 和 DESC 分别表示按照升序和降序排序，默认情况下按照 ASC 升序排序。ORDER BY 后面也可以连接多个字段进行多字段排序。

① 单字段排序

ORDER BY 后面只有一个字段时，查询结果将按照该字段的值进行升序或降序排序。

【例 5.16】查询 loan_p 数据表中按申请时间进行排序的贷款用户信息。

步骤 1：将查询结果按照申请时间进行升序排序。

执行如下语句，运行结果如图 5.19 所示。

```
mysql>SELECT * FROM loan_p ORDER BY now_time;
```

图 5.19　按申请时间进行升序排序的贷款用户信息

步骤 2：将查询结果按照申请时间进行降序排序。

执行如下语句，运行结果如图 5.20 所示。

```
mysql>SELECT * FROM loan_p ORDER BY now_time DESC;
```

图 5.20　按申请时间进行降序排序的贷款用户信息

② 多字段排序

在 MySQL 中，可以按照多个字段值的顺序对查询结果进行排序，字段之间必须用"，"隔开。具体方法是首先按照第一个字段的值排序，当字段值相同时，再按照第二个字段值排序，以此类推。

【例 5.17】查询 loan_p 数据表中的所有信息，将结果按照 id 升序和 now_time 降序排序。

执行如下代码，运行结果如图 5.21 所示。

```
mysql>SELECT * FROM loan_p ORDER BY id ASC, now_time DESC;
```

图 5.21 按照 id 升序和 now_time 降序排序的贷款用户信息

【任务实战】

在贷款成功用户表中查询贷款地址为上海且贷款金额在 50000 及以上的用户。

任务二 分组数据查询

【任务要求】

知识要求：掌握分组数据查询的方法。

实施要求：根据任务要求完成分组数据查询。

技术要求：具备分组数据查询的技能。

【任务实施】

（1）课前，教师发布任务书，学生根据任务书在线学习分组数据查询的相关知识，完成系统中贷款用户基本信息的分组查询。

（2）课上，教师对学生的课前任务完成情况进行评讲。

（3）课后，学生根据教师点评完善贷款用户基本信息的分组查询，并实现其他单表的分组查询。

【任务知识】

知识 5.2.1 基本语法格式

在 MySQL 中，通过 GROUP BY 关键字可以按照某个字段或多个字段的值对数据进行分组，字段值相同的数据记录为一组，基本语法格式如下。

```
SELECT 字段 1,字段 2,…
FROM 数据表名称
```

GROUP BY 字段 1,字段 2,…
[HAVING 条件表达式];

在上述语句中，按照 GROUP BY 子句指定的字段 1、字段 2 的值对数据进行分组；按照 HAVING 子句指定的条件表达式对分组后的数据进行过滤。

知识 5.2.2　单字段分组查询

如果 GROUP BY 关键字后只有一个字段，则按该字段的值进行分组。

【例 5.18】将 loan_p 数据表中的数据按照 emp_length 字段进行分组。

执行如下语句，运行结果如图 5.22 所示。

mysql>SELECT * FROM loan_p GROUP BY emp_length;

图 5.22　按照 emp_length 字段进行分组的贷款用户信息

执行结果只显示 5 条数据记录，这是因为 loan_p 数据表中的 emp_length 字段有 5 种取值情况，所以将数据按照这 5 个值分成 5 组，然后显示每组中的第一条记录。

如果希望显示每个分组中某个字段的所有取值，可以通过 GROUP_CONCAT( )关键字实现。

【例 5.19】将 length_status 数据表中的数据按照 status 字段值进行分组，并显示每个分组中 length 字段的值。

执行如下语句，运行结果如图 5.23 所示。

mysql>SELECT status, GROUP_CONCAT(length)FROM length_status GROUP BY status;

图 5.23　按照 status 字段值进行分组，并显示每个分组中 length 字段的值

知识 5.2.3　多字段分组查询

使用 GROUP BY 关键字可以对多个字段按层次进行分组。具体方法是首先按第一个字段分组，对第一个字段值相同的分组根据第二个字段值进行分组。

【例 5.20】将 loan_p 数据表中的数据按照 emp_length 和 sex 字段进行分组。

执行如下语句，运行结果如图 5.24 所示。

mysql>SELECT * FROM loan_p GROUP BY emp_length,sex;

图 5.24 按照 emp_length 和 sex 字段进行分组的贷款用户信息

知识 5.2.4 限定分组查询

HAVING 关键字和 WHERE 关键字用于设置条件表达式，两者的区别在于，HAVING 关键字后可以有统计函数，而 WHERE 关键字不能。WHERE 子句的作用是在对查询结果进行分组前，将不符合 WHERE 条件子句的数据去掉，即在分组前过滤数据。HAVING 子句的作用是筛选满足条件的组，即在分组后过滤数据。

【例 5.21】将 length_status 数据表中的数据按照 status 字段进行分组，并查询工作年限大于 8 年的分组。

执行如下语句，运行结果如图 5.25 所示。

```
mysql>SELECT GROUP_CONCAT(length) AS length,status FROM length_status GROUP BY length HAVING
MAX(length)>8;
```

图 5.25 工作年限大于 8 年的分组

【任务实战】

将贷款成功用户表中的数据按照年收入和贷款金额进行分组。

任务三 多表连接查询

【任务要求】

知识要求：掌握多表连接查询的方法。
实施要求：根据任务要求完成多表连接查询。
技术要求：具备多表连接查询各种数据的技能。

【任务实施】

（1）课前，教师发布任务书，学生根据任务书在线学习多表连接查询的相关知识，完成系统中贷款用户详细信息的查询。

（2）课上，教师对学生的课前任务完成情况进行评讲。

（3）课后，学生根据教师点评完善某贷款用户详细信息的多表连接查询，并能举一反三完成其他信息的多表连接查询。

【任务知识】

在 MySQL 中有两种语法能实现连接查询，即内连接查询和外连接查询。

知识 5.3.1　内连接查询

内连接又称为简单连接或自然连接，是一种常见的关系运算。内连接使用条件运算符对两个表中的数据进行比较，并将符合连接条件的数据组合成新的数据记录，语法格式如下。

```
SELECT  字段 1,字段 2,…
FROM  数据表 1 INNER JOIN  数据表 2 [INNER JOIN  数据表 3…]
ON  数据表 1.列名称  条件运算符  数据表 2.列名称;
```

其中，字段 1、字段 2 表示要查询的字段，来源于连接的数据表 1 和数据表 2；INNER JOIN 关键字将数据表 1 和数据表 2 进行内连接；ON 子句中的"数据表 1.列名称"和"数据表 2.列名称"表示两个数据表的公共列，两者之间的条件运算符有=、<>、>、<、>=、<=等。

根据连接条件运算符可将内连接分为等值连接和不等值连接。

【例 5.22】查询 loan_p 数据表和 pass_user 数据表中姓名相同的贷款用户的姓名、性别、电话和审批状态。

步骤 1：执行如下语句，运行结果如图 5.26 所示。

```
mysql>SELECT loan_p.name, loan_p.sex, loan_p.phone, pass_user.status FROM loan_p INNER JOIN pass_user
ON loan_p.name = pass_user.name;
```

图 5.26　loan_p 数据表和 pass_user 数据表中姓名相同的贷款用户信息

如果连接的数据表中有相同的字段名，使用这些字段时一定要指明所属的数据表名称。

步骤 2：使用 WHERE 关键字过滤上一步骤的查询结果，查询 name 为"李慧敏"的贷款用户信息。执行如下语句，运行结果如图 5.27 所示。

```
mysql>SELECT loan_p.name, loan_p.sex, loan_p.phone, pass_user.status FROM loan_p INNER JOIN pass_user
ON loan_p.name = pass_user.name WHERE loan_p.name='李慧敏';
```

图 5.27　name 为"李慧敏"的贷款用户信息

知识 5.3.2 外连接查询

内连接查询返回的查询结果只包含符合查询条件和连接条件的数据，然而，有时还需要包含左表或右表中的所有数据，此时就需要使用外连接查询，语法格式如下。

```
SELECT 字段 1,字段 2,…
FROM 数据表 1 LEFT|RIGHT [OUTER] JOIN 数据表 2
ON 连接条件;
```

字段 1 和字段 2 来源于数据表 1 和数据表 2；OUTER JOIN 关键字表示进行外连接；ON 子句表示连接条件。

根据关键字可将外连接查询分为两类，一类是左外连接查询，即返回左表中的所有记录和右表中符合连接条件的记录；另一类是右外连接查询，即返回右表中的所有记录和左表中符合连接条件的记录。

左外连接查询是指在连接两张数据表时，以关键字 LEFT JOIN 左边的表为参考表，左外连接的结果不仅包括满足连接条件的记录，还包括左表的所有记录。如果左表中的某一行记录在右表中没有匹配的记录，则在连接结果中该行记录对应的右表字段值均为空值。

【例 5.23】左外连接查询 income_status 数据表和 length_status 数据表的所有信息。

执行以下语句，运行结果如图 5.28 所示。

```
mysql>SELECT * FROM income_status LEFT OUTER JOIN length_status ON income_status. status= length_status.status;
```

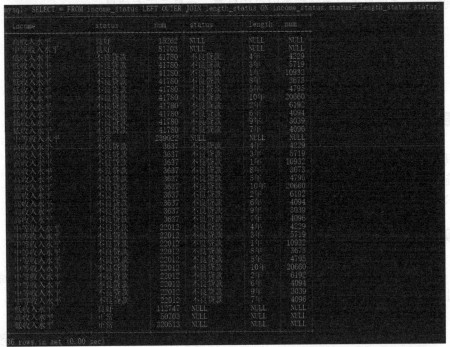

图 5.28 左外连接查询 income_status 数据表和 length_status 数据表的所有信息

右外连接查询是指在连接两张数据表时，以关键字 RIGHT JOIN 右边的表为参考表。右外连接的结果不仅包括满足连接条件的记录，还包括右表的所有记录。如果右表中的某一行记录在左表中没有匹配的记录，则在连接结果中该行记录对应的左表字段值均为空值。

【例 5.24】右外连接查询 income_status 数据表和 length_status 数据表的所有信息。

执行以下语句，运行结果如图 5.29 所示。

```
mysql>SELECT * FROM income_status RIGHT OUTER JOIN length_status ON income_status. status= length_status.status;
```

mysql> SELECT * FROM income_status RIGHT OUTER JOIN length_status ON income_status. status= length_status. status;

income	status	num	status	length	num
NULL	NULL	NULL	良好贷款	10年	65407
NULL	NULL	NULL	正常贷款	3年	51071
低收入水平	不良贷款	41780	不良贷款	4年	4229
高收入水平	不良贷款	3637	不良贷款	4年	4229
中等收入水平	不良贷款	22012	不良贷款	4年	4229
低收入水平	不良贷款	41780	不良贷款	3年	5719
高收入水平	不良贷款	3637	不良贷款	3年	5719
中等收入水平	不良贷款	22012	不良贷款	3年	5719
NULL	NULL	NULL	良好贷款	2年	20322
NULL	NULL	NULL	良好贷款	5年	15373
NULL	NULL	NULL	正常贷款	2年	56549
低收入水平	不良贷款	41780	不良贷款	1年	10932
高收入水平	不良贷款	3637	不良贷款	1年	10932
中等收入水平	不良贷款	22012	不良贷款	1年	10932
低收入水平	不良贷款	41780	不良贷款	8年	3673
高收入水平	不良贷款	3637	不良贷款	8年	3673
中等收入水平	不良贷款	22012	不良贷款	8年	3673

图 5.29　右外连接查询 income_status 数据表和 length_status 数据表的所有信息

【任务实战】

查询贷款申请信息表和通过贷款用户信息表，并显示所有信息。

任务四　子查询

【任务要求】

知识要求：掌握子查询的方法。

实施要求：根据任务要求完成子查询操作。

技术要求：具备子查询数据的技能。

【任务实施】

（1）课前，教师发布任务书，学生根据任务书在线学习子查询的相关知识，完成系统中所有通过贷款用户详细信息的查询。

（2）课上，教师对学生的课前任务完成情况进行评讲。

（3）课后，学生根据教师点评完善信贷管理系统中所有通过贷款用户详细信息的查询操作。

【任务知识】

子查询是指一个查询语句嵌套在另一个查询语句内部，即嵌套在 WHERE 子句或 FROM

子句中的 SELECT 查询语句。外层 SELECT 查询语句称为主查询，WHERE 或 FROM 子句中的 SELECT 查询语句称为子查询。执行查询语句时，首先会执行子查询中的语句，然后将查询结果作为外层查询的过滤条件。子查询常用的操作符有 ANY（SOME）、ALL、IN、EXISTS 等。

知识 5.4.1　带 IN 关键字的子查询

如果主查询的条件是子查询的结果，可以通过 IN 关键字进行查询。相反，如果主查询的条件不是子查询的结果，可以通过 NOT IN 关键字实进行查询。

【例 5.25】通过 IN 关键字子查询所有通过贷款的用户信息。

步骤 1：首先通过 SELECT 语句查询 pass_user 数据表中所有通过贷款的用户的身份证号码信息。执行如下语句，运行结果如图 5.30 所示。

```
mysql>SELECT DISTINCT bodyphone FROM pass_user;
```

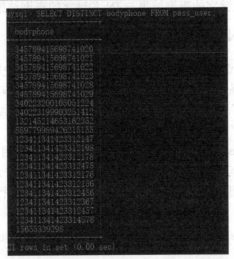

图 5.30　所有通过贷款的用户身份证号码信息

步骤 2：将上一步骤的查询结果作为查询 loan_p 数据表中所有通过贷款的用户信息的过滤条件，在主查询的 WHERE 子句中嵌入以上查询语句。

执行如下语句，运行结果如图 5.31 所示。

```
mysql>SELECT * FROM loan_p WHERE bodyphone IN (SELECT DISTINCT bodyphone FROM pass_user);
```

图 5.31　loan_p 数据表中所有通过贷款的用户信息

步骤 3：使用 NOT IN 关键字查询所有没有通过贷款的用户信息。

执行如下语句，运行结果如图 5.32 所示。

mysql>SELECT * FROM loan_p WHERE bodyphone NOT IN (SELECT DISTINCT bodyphone FROM pass_user);

图 5.32　所有没有通过贷款的用户信息

由此可见，NOT IN 关键字的查询结果与 IN 关键字的查询结果相反。

知识 5.4.2　带 ANY 关键字的子查询

ANY 关键字表示主查询需要满足子查询结果的任一条件。使用 ANY 关键字时，只要满足子查询结果中的任意一条，就可以通过该条件执行外层查询语句。ANY 关键字通常与比较运算符一起使用，">ANY"表示大于子查询结果中的最小值；"=ANY"表示等于子查询结果中的任何一个值；"<ANY"表示小于子查询结果中的最大值。

【例 5.26】查询 pass_user 数据表中贷款金额大于平均值的用户信息。

首先通过 SELECT 语句查询 pass_user 数据表中的贷款金额平均值，然后以贷款金额平均值作为主查询条件，查询出大于贷款金额平均值的用户信息。执行如下语句，运行结果如图 5.33 所示。

mysql>SELECT * FROM pass_user WHERE want_money>ANY(SELECT AVG(want_money)FROM pass_user WHERE status='已通过');

图 5.33　贷款金额大于平均值的用户信息

知识 5.4.3　带 ALL 关键字的子查询

ALL 关键字表示主查询需要满足子查询结果的所有条件。使用 ALL 关键字时，只有满足子查询语句返回的所有结果，才能执行外层查询语句。该关键字通常有两种使用方式，一种是">ALL"，表示大于子查询结果中的最大值；另一种是"<ALL"，表示小于子查询结果中的最小值。

【例 5.27】查询 pass_user 数据表中贷款金额大于按揭用户贷款金额平均值的用户信息。

首先通过 SELECT 语句查询 pass_user 数据表中的贷款金额平均值，然后以贷款金额平均值作为主查询条件，查询出贷款金额大于平均值的用户信息。

执行如下语句，运行结果如图 5.34 所示。

mysql>SELECT * FROM pass_user WHERE emp_length >ALL(SELECT AVG(emp_length) FROM pass_user WHERE home_ownership='按揭');

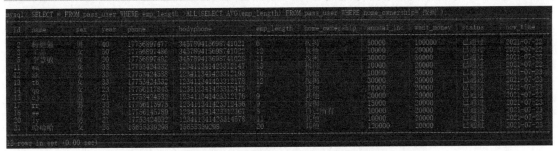

图 5.34　贷款金额大于按揭用户贷款金额平均值的用户信息

【任务实战】

查询 pass_user 数据表中贷款金额小于平均值的用户信息。

【项目小结】

本项目主要讲解了如何在信贷管理系统的相关数据表中通过简单查询、分组数据查询、多表连接查询和子查询进行相关数据查询。

1. 对于单表查询，本项目详细讲解了简单数据查询操作，使用 DISTINCT 关键字去除重复查询记录，限制查询结果的数量；使用 ORDER BY 关键字对查询结果进行排序以及对条件数据进行查询。

2. 对于分组查询，本项目详细介绍了单字段分组查询、多字段分组查询、带 HAVING 子句限定的分组查询等。

3. 对于多表连接查询，本项目详细介绍了内连接查询和外连接查询。

4. 对于子查询，本项目详细介绍了带 IN、ANY、ALL 等关键字以及带比较运算符的子查询。

【提升练习】

1. 查询信贷管理系统数据库中的贷款申请信息表中申请贷款用户的姓名、电话号码、身份证号码信息。

2. 查询贷款申请信息表中的第 5～8 行数据。

3. 查询通过贷款用户信息表中的李姓用户信息。

4. 查询通过贷款用户信息表中贷款金额大于 100000 元的用户信息。

5. 查询通过贷款用户信息表中姓名为"李慧敏"的用户信息，包括电话号码、身份证号码、工作年限、贷款金额、贷款状态等。

项目六 数据库编程

★ 知识目标

（1）理解存储过程和存储函数

（2）掌握创建存储过程和存储函数的语法格式

（3）掌握变量、常量、运算符和表达式的使用方法

（4）掌握游标的使用方法

（5）掌握程序控制语句的使用方法

（6）掌握触发器的创建方法

（7）掌握触发器的删除方法

★ 技能目标

（1）能够使用 SQL 语句创建、维护存储过程和存储函数

（2）能够创建和管理触发器

（3）能够使用触发器保证数据完整性

★ 素养目标

（1）具有良好的社会公德修养

（2）具有良好的工匠精神

（3）具有感恩意识

★ 教学重点

（1）编写简单的创建和调用存储过程的语句

（2）编写简单的存储函数并掌握其使用方法

（3）编写触发器和事件的相关语句并掌握其使用方法

任务一 存储过程操作

【任务要求】

知识要求：掌握 SQL 编程的基础知识和存储过程。

实施要求：使用 SQL 语句创建和管理存储过程。

技术要求：具备创建、管理存储过程和存储函数的技能。

【任务实施】

（1）课前，教师发布任务书，学生根据任务书在线学习存储过程的相关知识，完成存储过程的创建和管理。

（2）课上，教师对学生的课前任务完成情况进行评讲。

（3）课后，学生根据教师点评完善存储过程的创建、调用、查看、修改与删除等操作。

【任务知识】

知识 6.1.1　编程基础知识

如果采用联机交互方式执行 SQL 命令，命令执行的方式是每次一条。为了提高操作效率，有时需要把多条命令组合在一起形成一个程序一次性执行。程序可以重复使用，这样可以减少数据库开发人员的工作量，也可通过设定程序权限来限制用户对程序的定义和使用，从而提高系统安全性。

几乎所有数据库管理系统都提供了"程序设计结构"，这些"程序设计结构"在 SQL 标准的基础上进行了扩展，例如 Oracle 定义了 PL/SQL 程序设计结构，SQL Server 定义了 T-SQL 程序设计结构，PostgreSQL 定义了 PL/pgSQL 程序设计结构。当然，MySQL 也不例外，本任务以 MySQL 为例介绍数据库编程的相关知识。

MySQL 对数据的存储、查询及更新是遵守 SQL 标准的，但为了方便用户编程，也增加了一些特有的语言元素。这些特有的语言元素不是 SQL 标准所包含的内容，包括常量、变量、系统内置函数、流程控制语句等。

1　常量与变量

（1）常量

① 字符串常量

字符串是指用单引号或双引号括起来的字符序列，例如"hello""你好!"等。每个汉字字符用两个字节存储，而每个 ASCII 字符用一个字节存储。

② 数值常量

数值常量可以分为整数常量和浮点数常量。整数常量是不带小数点的十进制数，例如 1894、2、+145345234、-2147483648 等。浮点数常量是使用小数点的数值常量，例如 5.26、-1.39、101.5E5、0.5E-2 等。

③ 日期/时间常量

日期/时间常量用单引号将表示日期时间的字符串括起来。日期型常量包括年、月、日，数据类型为 date，例如"1999-06-17"。时间型常量包括小时数、分钟数、秒数及微秒数，数据类型为 time，例如"12:30:43.00013"。

MySQL 还支持日期/时间的组合，数据类型为 datetime 或 timestamp，例如"1999-06-17 12:30:43"。datetime 和 timestamp 的区别在于，datetime 的年份为 1000～9999，而 timestamp 的年份为 1970～2037；timestamp 在插入带微秒的日期时间时会将微秒忽略；timestamp 支持时区，即在不同时区能转换为相应的时间。

④ 布尔值

布尔值只包含 TRUE 和 FALSE 两个可能的值，TRUE 的数字值为"1"，FALSE 的数字值为"0"。

（2）变量

变量用于临时存储数据，变量中的数据随着程序的运行而变化。变量名用于标识变量，数据类型确定变量存储值的格式和允许的运算。MySQL 中的变量可分为用户变量和系统变量。

① 用户变量

用户可以在表达式中使用自己定义的变量，这样的变量叫作用户变量。在使用用户变量前必须定义和初始化，如果使用没有初始化的变量，则它的值为 NULL。

用户变量与连接有关，也就是说，一个客户端定义的变量不能被其他客户端看到或使用。当客户端退出时，该客户端连接所有用户的变量将自动释放。

定义和初始化一个变量可以使用 SET 语句，语法格式如下。

```
SET @用户变量1=表达式1 [,用户变量2=表达式2,…];
```

● 用户变量1、用户变量2为用户变量名，变量名可以由当前字符集的文字、数字字符、"."、"_"和"$"组成。

● 当变量名中需要包含一些特殊符号（例如空格、"#"等）时，可以使用双引号或单引号将变量括起来。

● 表达式1、表达式2是要给变量赋的值，可以是常量、变量或表达式。

● "@"符号必须放在一个用户变量的前面，以便将它和列名称区分开。

如果要创建用户变量 name 并对其赋值为"张三丰"，可以使用以下语句。

```
SET @name='张三丰';
```

利用 SET 语句可以同时定义多个变量，中间用逗号隔开，语法格式如下。

```
SET @var1=1, @user2='abc', @user3='欢迎';
```

在一个用户变量被创建后，它可以以一种特殊形式的表达式用于其他 SQL 语句中。

【例 6.1】查询 loan_p 数据表中电话号码为 17756897486 的用户名，并存储在变量 p_name 中。

```
mysql>SET @p_name=(SELECT name FROM loan_p WHERE phone ='17756897486');
```

在查询中也可以引用用户变量的值，语法格式如下。

```
SELECT * FROM loan_p WHERE 姓名 =@p_name;
```

在 SELECT 语句中，表达式发送到客户端后才进行计算。所以在 HAVING、GROUP BY 或 ORDER BY 子句中，不能使用包含 SELECT 列表中所设的变量的表达式。

② 系统变量

系统变量是 MySQL 的一些特定设置，当 MySQL 数据库的服务器启动时，这些设置被读取以决定下一步骤。例如，有些设置定义了数据如何被存储，有些设置则影响到处理速度，还有些与日期有关，这些设置就是系统变量。

和用户变量一样，系统变量也是一个值和一个数据类型，但不同的是，系统变量在 MySQL

服务器启动时就被引入并初始化为默认值。大多数系统变量在应用时，必须在名称前添加 "@@" 符号。

【例 6.2】查看当前使用的 MySQL 的版本信息和当前的系统日期。

```
mysql>SELECT @@VERSION AS '当前 MySQL 版本',CURRENT_DATE;
```

在 MySQL 中，系统变量 VERSION 的值设置为版本号，在变量名前必须加两个 "@" 符号才能正确返回该变量的值。

使用 SHOW VARIABLES 语句可以得到系统变量清单。

2　系统内置函数

（1）数学函数

MySQL 支持很多数学函数，用于执行一些比较复杂的算数操作。如果发生错误，所有数学函数都会返回 NULL。下面对一些常用的数学函数进行说明。

① GREATEST( )和 LEAST( )函数

GREATEST( )和 LEAST( )是经常使用的数学函数，它们的功能是获得一组数据的最大值和最小值，语法格式如下。

```
SELECT GREATEST(10,9,128,1), LEAST(1,2,3);
```

需要注意的是，MySQL 不允许函数名和括号之间有空格。

② FLOOR( )和 CEILING( )函数

FLOOR( )函数用于获得小于一个数的最大整数值，CEILING( )函数用于获得大于一个数的最小整数值，语法格式如下。

```
SELECT FLOOR(-1.2),CEILING(-1.2),FLOOR(9.9),CEILING(9.9);
```

③ ROUND( )和 TRUNCATE( )函数

ROUND( )函数用于获得一个数四舍五入后的整数值，语法格式如下。

```
SELECT ROUND(5.1),ROUND(25.501),ROUND(9.8);
```

TRUNCATE( )函数用于把一个数字截取为一个指定小数个数的数字，逗号后面的数字表示指定小数的位数，语法格式如下。

```
SELECT TRUNCATE(1.54578, 2),TRUNCATE(-76.12, 5);
```

④ ABS( )函数

ABS( )函数用来获得一个数的绝对值，语法格式如下。

```
SELECT ABS(-878),ABS(-8.345);
```

⑤ SIGN( )函数

SIGN( )函数用来返回数值的符号，返回的结果是正数（1）、负数（-1）或零（0），语法格式如下。

```
SELECT SIGN(-2),SIGN(2),SIGN(0);
```

（2）字符串函数

字符串函数中的字符串必须要用单引号括起来。MySQL 有很多字符串函数，下面对其中一些重要的函数进行介绍。

① ASCII( )函数

ASCII( )函数用来返回字符表达式最左端字符的 ASCII 值，参数的类型为字符型的表达式，返回值为整型。

```
SELECT ASCII('A');
```

以上语句表示返回字母 A 的 ASCII 值 65。

② CHAR( )函数

CHAR(x1, x2, x3)用来将 x1、x2、x3 的 ASCII 值转换为字符，并将结果组合成一个字符串。参数 x1、x2、x3 为 0～255 的整数，返回值为字符型。

```
SELECT CHAR(65,66,67);
```

以上语句表示返回 ASCII 值为 65、66、67 的字符，并组成一个字符串"ABC"。

③ LEFT( )和 RIGHT( )函数

LEFT|RIGHT(s,x)表示分别返回从字符串 s 左边或右边开始的 x 个字符。

```
SELECT LEFT(书名,3)FROM book;
```

以上语句表示返回 book 数据表中书名左侧的 3 个字符。

④ TRIM( )、LTRIM( )和 RTRIM( )函数

TRIM( )用于删除字符串首部和尾部的所有空格。

```
SELECT TRIM('MySQL');
```

以上语句表示返回"MySQL"5 个字符。

LTRIM(s)和 RTRIM(s)表示分别表示删除字符串前面的空格和尾部的空格，返回值为字符串。参数 s 为字符型表达式，返回值类型为 varchar( )。

⑤ REPLACE( )函数

REPLACE(sl,s2,s3)表示用字符串 s3 替换 sl 中出现的所有 s2 字符，并返回替换后的字符串，语法格式如下。

```
SELECT REPLACE('Welcome to CHINA','o','K');
```

⑥ SUBSTRING( )函数

SUBSTRING(s,n,len)表示返回字符串 s 中指定的部分数据，参数 n 可以是字符串、二进制字符串、text、image 字段或表达式。这个函数用于从字符串 s 的第 n 个位置开始截取长度为 len 的字符串。

【例 6.3】显示 pass_user 数据表中通过贷款的用户姓名，要求在一列中显示姓氏，在另一列中显示名字。

```
SELECT SUBSTRING(name,1,1)AS 姓,
SUBSTRING(name,2,LENGTH(name)-1)AS 名
FROM pass_user ORDER BY name;
```

（3）日期和时间函数

MySQL 有很多日期和时间数据类型，所以有相当多的日期和时间函数，下面介绍几个比较重要的函数。

① NOW( )函数

使用 NOW( )函数可以获得当前的日期和时间，以 YYYYMM-DD HH:MM:SS 的格式返回

当前的日期和时间，语法格式如下。

```
SELECT NOW();
```

② CURTIME( )和 CURDATE( )函数

CURTIME( )和 CURDATE( )函数比 NOW( )函数更具体化，分别返回当前的时间和日期，没有参数，语法格式如下。

```
SELECT CURTIME(),CURDATE();
```

③ YEAR( )函数

YEAR( )函数用于分析日期值并返回其中关于年份的部分，语法格式如下。

```
SELECT YEAR(20220512142800),YEAR('1982-11-02');
```

④ MONTH( )和 MONTHNAME( )函数

MONTH( )和 MONTHNAME( )函数分别以数值和字符串的形式返回日期的月份部分，语法格式如下。

```
SELECT MONTH(20220512142800),MONTHNAME('1982-11-02');
```

⑤ DAYNAME( )函数

DAYNAME( )函数以字符串的形式返回星期名，语法格式如下。

```
SELECT DAYNAME('2022-06-01');
```

【例 6.4】求 pass_user 数据表中用户贷款的申请年数。

```
mysql>SELECT name,YEAR(NOW())-YEAR(now_time)As 申请年数 FROM pass_user;
```

（4）控制流函数

MySQL 有几个函数是用来进行条件操作的，这些函数可以实现 SQL 的条件逻辑，允许开发者将一些应用程序业务逻辑转换到数据库后台。

IF(expr,v1,v2)函数有 3 个参数，expr 参数是要被判断的表达式，如果表达式为真，返回 v1；如果为假，返回 v2。

```
SELECT IF(2*4>9-5,'是','否');
```

以上语句表示先判断"2×4"是否大于"9-5"，大于则返回"是"，否则返回"否"。

【例 6.5】返回 pass_user 数据表中名字为两个字的会员姓名和性别，性别为女则显示"0"，性别为男则显示"1"。

```
mysql>SELECT name,IF(sex=&apos;男&apos;,1,0)AS 性别 FROM pass_user;
```

3 流程控制语句

流程控制语句是用来控制程序执行流程的语句，可以提高编程语言的处理能力。在 MySQL 中，常见的流程控制语句有 IF 语句、CASE 语句、LOOP 语句、WHILE 语句和 LEAVE 语句等。

流程控制语句只能放在存储过程体、存储函数体或触发器动作中来控制程序的执行流程，不能单独执行。

（1）分支语句

① IF 语句

IF…THEN…ELSE 语句用于控制程序根据不同的条件执行不同的操作，语法格式如下。

```
IF 条件 1 THEN 语句序列 1
[ELSEIF 条件 2 THEN 语句序列 2]
[ELSE 语句序列]
END IF;
```

● 语句序列中包含一个或多个 SQL 语句。

● 条件是判断的条件，当条件为真时，执行相应的 SQL 语句。

● IF 语句不同于系统的内置 IF( )函数，IF( )函数只能判断两种情况，请不要混淆。

【例 6.6】判断输入的两个参数 n1 和 n2 哪个更大，将结果放在变量 result 中。

```
IF n1>n2 THEN
SET result='大于';
ELSEIF n1=n2 THEN
SET result='等于';
ELSE
SET result='大于';
END IF;
```

② CASE 语句

CASE 语句的语法格式如下。

```
CASE 表达式
WHEN 值 1 THEN 语句序列 1
[WHEN 值 2 THEN 语句序列 2]
[ELSE 语句序列]
END CASE;
```

或

```
CASE
WHEN 条件 1 THEN 语句序列 1
[WHEN 条件 2 THEN 语句序列 2]
[ELSE 语句序列]
END CASE;
```

● 第一种格式中的表达式是要被判断的值或表达式，下面是一系列的 WHEN…THEN 块，每一块的值参数都要与表达式的值比较，如果为真，就执行语句序列中的 SQL 语句。如果前面的每一个块都不匹配，就会执行 ELSE 块指定的语句。

● 第二种格式中的 CASE 关键字后面没有参数，在 WHEN…THEN 块中，条件指定了一个比较表达式，表达式为真时执行 THEN 后面的语句。

● 与第一种格式相比，第二种格式能实现更复杂的条件判断，使用起来更方便。

● 一个 CASE 语句经常可以充当一个 IF…THEN…ELSE 语句。

【例 6.7】判定变量 str，当其值为 U 时返回"上升"，其值为 D 时返回"下降"，为其他值时返回"不变"。

```
mysql>CASE str
```

```
->WHEN 'U' THEN SET direct='上升';
->WHEN 'D' THEN SET direct='下降';
->ELSE SET direct='不变';
->END CASE;
```

【例 6.8】采用 CASE 语句的第二种格式实现例 6.7 的要求。

```
mysql>CASE
->WHEN str='U' THEN SET direct='上升';
->WHEN str='D' THEN SET direct='下降';
->ELSE SET direct ='不变';
->END CASE;
```

（2）循环语句

MySQL 支持 3 种用来创建循环的语句，分别为 WHILE、REPEAT 和 LOOP 语句，在存储过程中分别可以定义 0 个、1 个或多个循环语句。

① WHILE 语句

WHILE 语句的语法格式如下。

```
WHILE  条件  DO
程序段
END WHILE;
```

以上语句表示首先判断条件是否为真，为真则执行程序段中的语句；然后再次进行判断，为真则继续循环，不为真则结束循环。

【例 6.9】使用 WHILE 语句创建一个执行 5 次的循环。

```
mysql>DECLARE a INT DEFAULT 5;
->WHILE a > 0 DO
->SET a = a-1;
->END WHILE;
```

② REPEAT 语句

REPEAT 语句的语法格式如下。

```
REPEAT
程序段
UNTIL 条件
END REPEAT;
```

以上语句表示首先执行程序段中的语句，然后判断条件是否为真，不为真则停止循环，为真则继续循环。

用 REPEAT 语句替换例 6.9 中的 WHILE 循环，执行如下语句。

```
mysql>REPEAT
->a=a-1;
->UNTIL a<1;
->END REPEAT;
```

REPEAT 语句和 WHILE 语句的区别在于：REPEAT 语句先执行语句，后进行判断；WHILE 语句先进行判断，条件为真时才执行语句。

③ LOOP 语句

LOOP 语句的语法格式如下。

```
[语句标号:] LOOP
程序段
END LOOP [语句标号];
```

- LOOP 语句允许某个特定语句或语句群重复执行，实现一个简单的循环构造。
- 程序段是需要重复执行的语句。
- 循环内的语句会一直重复至退出循环，退出时通常伴随一个 LEAVE 语句。

④ LEAVE 语句

LEAVE 语句的语法格式如下。

```
LEAVE 语句标号;
```

语句标号是语句中标注的名字，这个名字是自定义的，加上 LEAVE 关键字就可以用来退出被标注的循环语句。

用 LOOP 语句替换例 6.9 中的 WHILE 循环，执行如下语句。

```
mysql>SET @a=5;
    ->Label:LOOP
    ->SET @a=@a-1;
    ->IF @a<1 THEN
    ->LEAVE Label;
    ->END IF;
    ->END LOOP Label;
```

上述语句首先定义了一个用户变量 a 并赋值为 5，接着进入 LOOP 循环，标注为 Label，执行减 1 语句，然后判断用户变量 a 是否小于零，是则使用 LEAVE 语句跳出循环。

知识 6.1.2　存储过程

存储过程是存放在数据库中的一段程序，是数据库对象之一，由声明式的 SQL 语句（例如 CREATE、UPDATE 和 SELECT 语句等）和过程式的 SQL 语句（例如 IF…THEN…ELSE 语句）组成。存储过程可以由程序、触发器或另一个存储过程来调用而激活，实现代码段中的 SQL 语句。

可以使用 CREATE PROCEDURE 语句创建存储过程。要在 MySQL 中创建存储过程，必须具有 CREATE ROUTINE 权限。

1　创建存储过程

（1）创建存储过程的语法

① 语法格式

创建存储过程的语法格式如下。

```
CREATE PROCEDURE 存储过程名([参数[…]])存储过程体;
```

语法说明如下。

- 存储过程名默认在当前数据库中创建。需要在特定数据库中创建存储过程时，要在名称前加上数据库的名称。值得注意的是，这个名称应尽量避免与 MySQL 的内置函数名称相同，否则会发生错误。

● 参数的格式如下。

```
[IN|OUT|INOUT]参数名 类型
```

存储过程可以有 0 个、1 个或多个参数，当有多个参数时，中间用逗号隔开。MySQL 存储过程支持 3 种类型的参数，包括输入参数、输出参数和输入/输出参数，关键字分别是 IN、OUT 和 INOUT。输入参数使数据可以传递给一个存储过程；当需要返回一个答案或结果的时候，存储过程使用输出参数；输入/输出参数既可以充当输入参数，也可以充当输出参数。存储过程也可以不加参数，但名称后面的括号不可省略。

另外，参数的名字不能等于列的名字，否则存储过程中的 SQL 语句会将参数名看作列名，从而产生不可预知的结果。

● 存储过程体是存储过程的主体部分，包含了过程调用时必须执行的语句，这个部分总是以 BEGIN 开始，以 END 结束。但是，当存储过程体中只有一个 SQL 语句时，可以省略 BEGIN…END 标识。

② 修改结束符号

在 MySQL 中，服务器处理语句时以分号作为结束标识。在创建存储过程时，存储过程体中可能包含多个 SQL 语句，如果每个 SQL 语句都以分号结尾，则服务器处理程序时遇到第一个分号就会认为程序结束。因此可以使用 DELIMITER 命令将 MySQL 语句的结束标识修改为其他符号，语法格式如下。

```
DELIMITER $$;
```

"$$" 是用户定义的结束符，通常这个符号可以是一些特殊的符号，例如 "##" "¥¥" 等。当使用 DELIMITER 命令时，应该避免使用 "\" 字符，因为这是 MySQL 的转义字符。

如果要将结束符修改为 "##"，可使用如下语句。

```
DELIMITER ##;
```

执行完以上语句后，程序结束的标识就换为 "##" 了。

要想恢复使用 ";" 作为结束符，运行如下命令即可。

```
DELIMITER;
```

【例 6.10】编写一个存储过程，该存储过程实现的功能是删除一个指定姓名的用户信息。

```
mysql>DELIMITER $$
    ->CREATE PROCEDURE del_loan(IN xm CHAR(8)
    ->BEGIN
    ->DELETE FROM loan_p WHERE name=xm;
    ->END $$
    ->DELIMITER;
```

关键字 BEGIN 和 END 之间指定了存储过程体，在程序开始时用 DELIMITER 语句转换语句结束标识为 "$$"，所以 BEGIN 和 END 被看作一个整体，在 END 后用 "$$" 结束。当然，BEGIN…END 复合语句还可以嵌套使用。

当调用这个存储过程时，MySQL 根据提供的参数 xm 的值删除 loan_p 数据表中对应的数据。

（2）存储过程体

① 局部变量

在存储过程中可以声明局部变量来存储临时结果。要声明局部变量，必须使用 DECLARE 语句。在声明局部变量的同时，可以对其赋一个初始值，语法格式如下。

```
DECLARE 变量[,…]类型[DEFAULT 值];
```

DEFAULT 子句给变量指定一个默认值，如果不指定，则默认为 NULL。

声明一个整型变量和两个字符变量的语句如下。

```
DECLARE num int(4);
DECLARE str1, str2 varchar(6);
```

局部变量和用户变量的区别在于：局部变量前面没有"@"符号，局部变量在其所在的 BEGIN…END 语句块处理完成后就消失了，而用户变量存在于整个会话中。

② SELECT…INTO 语句

使用 SELECT…INTO 语句可以把选定的列值直接存储到变量中，但返回的结果只有一行，语法格式如下。

```
SELECT 列名[,…] INTO 变量名[,…]数据来源表达式;
```

语法说明如下。

● "列名[,…] INTO 变量名"将选定的列值赋给变量名。

● 数据来源表达式是 SELECT 语句中的 FROM 子句及后面的部分，这里不再赘述。

【例 6.11】在存储过程体中将 loan_p 数据表中身份证号码为 345789415698741025 的用户姓名和电话号码的值分别赋给变量 xm 和 tel。

```
mysql>SELECT name,phone INTO xm,tel FROM loan_p WHERE bodyphone ='345789415698741025';
```

2 显示存储过程

要想查看数据库中有哪些存储过程，可以使用 SHOW PROCEDURE STATUS 语句。

```
SHOW PROCEDURE STATUS;
```

查看某个存储过程的具体信息的语法格式如下。

```
SHOW CREATE PROCEDURE 存储过程名;
```

例如，查看例 6.10 创建的存储过程 del_loan 的语句如下。

```
SHOW CREATE PROCEDURE del_loan;
```

3 调用存储过程

存储过程创建完成后，可以在程序、触发器或存储过程中被调用，调用时必须使用 CALL 语句，语法格式如下。

```
CALL 存储过程名([参数[,…]]);
```

语法说明如下。

● 如果要调用某个特定数据库的存储过程，需要在前面加上该数据库的名称，即存储过程名。

● 参数个数必须等于存储过程的参数个数。

例如，调用例 6.10 的存储过程，删除"张三丰"的用户信息，可以使用如下语句。

```
CALL del_loan('张三丰');
```

【例 6.12】创建存储过程，实现查询 loan_p 数据表中贷款用户人数的功能，并执行该存储过程。

首先创建查询 loan_p 数据表中贷款用户人数的存储过程，执行如下语句。

```
mqsql>CREATE PROCEDURE query_loan()
    ->SELECT COUNT(*)FROM loan_p;
```

这是一个不带参数的存储过程，通常 SELECT 语句不会被直接用在存储过程中。

调用该存储过程的语句如下。

```
CALL query_loan();
```

【例 6.13】创建一个存储过程，其功能是输入月份数字 1～12 即返回月份所在的季度，执行如下语句。

```
mysql>DELIMITER $$
    ->CREATE PROCEDURE q_quarter
    ->(IN mon int, OUT q_name varchar(8))
    ->BEGIN
    ->CASE
    ->WHEN mon in(1,2,3) THEN SET q_name='一季度';
    ->WHEN mon in(4,5,6) THEN SET q_name='二季度';
    ->WHEN mon in(7,8,9) THEN SET q_name='三季度';
    ->WHEN mon in(10,11,12) THEN SET q_name='四季度';
    ->ELSE SET q_name='输入错误';
    ->END CASE;
    ->END $$
    ->DELIMITER;
```

调用该存储过程的语句如下。

```
CALL q_quarter(6,@R);
```

该存储过程的结果保存在输出参数 R 中。参数只有定义为用户变量@R，才能在存储过程执行完成后也能查询到结果；如果定义为局部变量 R，存储函数执行完成后，结果将查询不到结果。要查看输出结果，应使用如下语句。

```
SELECT @R;
```

输出结果如图 6.1 所示。

图 6.1　输出结果

4 删除存储过程

删除存储过程前，必须确认该存储过程没有任何依赖关系，否则可能会导致其他与之关联的存储过程无法运行。

删除存储过程的语法格式如下。

```
DROP PROCEDURE [IF EXISTS]存储过程名;
```

语法说明如下。

● 存储过程名指要删除的存储过程的名称。

● IF EXISTS 子句是 MySQL 的扩展，如果程序或函数不存在，该子句可以防止发生错误。例如，要删除存储过程 query_members，可以使用如下语句。

```
DROP PROCEDURE IF EXISTS query_members;
```

5 游标的用法及作用

游标是 SELECT 语句检索出的结果集。在 MySQL 中，游标一定要在存储过程或存储函数中使用，不能单独在查询中使用。

（1）游标的用法

声明游标的语法格式如下。

```
DECLARE 游标名称 CURSOR FOR 结果集(SELECT 语句);
```

● 结果集可以是使用 SQL 语句查询出来的任意集合。

● 如果使用 DECLARE 语句声明游标后，与该游标对应的 SELECT 语句并没有执行，这是因为 MySQL 服务器内存中并不存在与 SELECT 语句对应的结果集。

打开游标的语法格式如下。

```
OPEN 游标名称;
```

使用 OPEN 语句打开游标后，与该游标对应的 SELECT 语句将被执行，MySQL 服务器内存中将存放与 SELECT 语句对应的结果集。

提取数据的语法格式如下。

```
FETCH 游标名称 INTO 变量列表;
```

变量列表的个数必须与声明游标时使用的 SELECT 语句生成的结果集中的字段个数保持一致。第一次执行 FETCH 语句时，FETCH 语句从结果集中提取第一条记录；再次执行 FETCH 时，FETCH 语句从结果集中提取第二条记录，以此类推。FETCH 语句每次仅从结果集中提取一条记录，需要循环语句的配合才能实现整个结果集的遍历。

关闭游标的语法格式如下。

```
CLOSE 游标名称;
```

关闭游标的目的在于释放游标打开时产生的结果集，节省 MySQL 服务器的内存空间。游标如果没有被明确地关闭，则将在它被声明的 BEGIN…END 语句块的末尾关闭。

（2）错误处理程序

使用 FETCH 语句从游标中提取最后一条记录后，再次执行 FETCH 语句时，将产生"ERROR 1329(02000):No data to FETCH"错误信息，数据库开发人员可以针对错误代码 1329

自定义错误处理程序，从而结束结果集的遍历。

需要注意的是，游标错误处理程序应该放在声明游标语句之后。游标通常结合错误处理程序一起使用，用于结束结果集的遍历。

错误处理的语法格式如下。

```
DECLARE 错误处理类型 HANDLER FOR 错误触发条件 错误处理程序;
```

语法说明如下。

● 错误处理类型取值为 continue 或 exit。continue 表示错误发生后，MySQL 立即执行自定义错误处理程序，然后忽略该错误继续执行其他 MySQL 语句。exit 表示错误发生后，MySQL 立即执行自定义错误处理程序，然后立刻停止其他 MySQL 语句的执行。

● 错误触发条件表示满足什么条件时，开始运行自定义错误处理程序。

● 错误触发条件的取值及介绍如下。

SQLWARNING 表示 01 开头的 SQLSTATE 代码。

NOTFOUND 表示 02 开头的 SQLSTATE 代码。

SQLEXCEPTION 表示对除 SQLWARNING 和 NOT FOUND 以外的代码进行触发。

● 错误处理程序表示错误发生后，MySQL 会立即执行自定义错误处理程序中的 MySQL 语句。自定义错误处理程序也可以是一个 BEGIN…END 语句块。

6 存储过程的嵌套

存储过程是完成特定功能的一段程序，能像函数一样被其他存储过程直接调用，这种情况称为存储过程的嵌套。

【例 6.14】创建一个存储过程 user_insert，其作用是向 pass_user 数据表中插入一行数据。创建另外一个存储过程 user_update，在其中调用第一个存储过程，如果给定参数为 0，则修改第一个存储过程插入数据的"status"字段为"已通过"；如果给定参数为 1，则删除第一个存储过程插入的数据，并将操作结果输出。

向 pass_user 数据表中插入一行数据。

```
mysql>CREATE PROCEDURE user_insert
    ->INSERT INTO pass_user
    ->VALUES(NULL,'周杰伦','男',40,4,15956863523,5121561976602145612,5,'其他', 80000,100000,NULL,
      NULL);
```

调用第一个存储过程，并输出结果。

```
mysql>DELIMITER $$
    ->CREATE PROCEDURE sell_update
    ->(IN X INT(1),OUT STR char(8))
    ->BEGIN
    ->CAll sell_insert();
    ->CASE
    ->WHEN x=0 THEN
    ->UPDATE pass_user SET status='已通过'WHERE bodyphone=512156197602145612;
    ->SET STR='修改成功';
    ->WHEN X=1 THEN
    ->DELETE FROM pass_user WHERE bodyphone=512156197602145612;
    ->SET STR='删除成功';
    ->END CASE;
```

```
END $$
DELIMITER;
```

接下来调用存储过程 user_update 查看结果。

```
mysql>CALI user_update(1,@str);
    ->SELECT @str;
```

以上语句表示结果为删除成功。

```
mysql>CAIL user_update(0,@str);
    ->SEIECT @str;
```

以上语句表示结果为修改成功。

【任务实战】

显示贷款成功用户表（loan_data2）中的通过贷款用户姓名，要求在一列中显示姓氏，在另一列中显示名字。

任务二　创建和调用存储函数

【任务要求】

知识要求：掌握存储函数的相关知识。
实施要求：使用 SQL 语句创建、调用存储函数。
技术要求：具备创建和调用存储函数的技能。

【任务实施】

（1）课前，教师发布任务书，学生根据任务书在线学习存储函数的相关知识，完成存储函数的创建和调用。
（2）课上，教师对学生的课前任务完成情况进行评讲。
（3）课后，学生根据教师点评完善存储函数的创建、调用、查看、修改、删除等操作。

【任务知识】

存储函数是过程式对象之一，与存储过程很相似，都是由 SQL 和过程式语句组成的代码片段，并且可以从应用程序和 SQL 中调用。然而，它们也有如下区别。
（1）存储函数不拥有输出参数，因为存储函数本身就是输出参数。
（2）不能用 CALL 语句来调用存储函数。。
（3）存储函数必须包含一条 RETURN 语句，而这条特殊的 SQL 语句不允许包含于存储过程中。

知识 6.2.1　创建存储函数

使用 CREATE FUNCTION 语句可以创建存储函数，语法格式如下。

```
CREATE FUNCTION 存储函数名([参数[,…]])
RETURN 类型
DETERMINISTIC
函数体;
```

语法说明如下。

- 存储函数名是存储函数的名称，存储函数不能拥有与存储过程相同的名字。
- 存储函数的参数只有名称和类型，不能指定 IN、OUT 和 INOUT。
- RETURN 子句声明函数返回值的数据类型。
- 函数体是指存储函数的主体，也叫存储函数体。所有在存储过程中使用的 SQL 语句在存储函数中也适用，包括流程控制语句、游标等。存储函数体中必须包含一个 RETURN 值语句，值为存储函数的返回值，这是存储过程体中没有的。

【例 6.15】创建一个存储函数，返回 pass_user 数据表中的通过贷款人数。

```
mysql>DELIMITER $$
    ->CREATE FUNCTION num_passuser()
    ->RETURNS INTEGER
    ->DETERMINISTIC
    ->BEGIN
    ->RETURN(SELECT COUNT(*)FROM pass_user);
    ->END $$
    ->DELIMITER;
```

RETURN 子句中包含 SELECT 语句时，SELECT 语句的返回结果是一行且只能有一列值。

【例 6.16】创建一个存储函数,返回 pass_user 数据表中身份证号码为 345789415698741020的用户姓名。

```
mysql>DELIMITER $$
    ->CREATE FUNCTION user_bodyphone(345789415698741020)
    ->RETURNS char(8)
    ->DBTERMINISTIC
    ->BEGIN
    ->RETURN(SELECT name FROM pass_user;
    ->END $$
    ->DELIMITER;
```

【例 6.17】创建一个存储函数，其作用是删除 pass_user 数据表中存在但 loan_p 数据表中不存在的用户数据。

```
mysql>DELIMITER $$
    ->CREATE FUNCTION del_Passuser(u_bodyphone char(20))
    ->RETURNS BOOLEAN
    ->DETERMINISTIC
    ->BEGIN
    ->DECLARE bphone char(20);
    ->SELECT bodyphone INTO bphone FROM loan_p WHERE bodyphone = u_bodyphone;
    ->IF bh IS NULL THEN
```

```
      ->DELETE FROM pass_user WHERE bodyphone= u_bodyphone;
      ->RETURN TRUE;
      ->ELSE
      ->RETURN FALSE;
      ->END IF;
      ->END $$
      ->DELIMITER;
```

此存储函数给定身份证号码作为输入参数，先按给定的身份证号码到 loan_p 数据表中查找该身份证号码对应的贷款用户，如果没有，返回 FALSE；如果有，返回 TRUE，同时到 pass_user 数据表中删除该身份证号码对应的用户。

知识 6.2.2　调用存储函数

调用存储函数的方法和使用系统提供的内置函数类似，都是使用 SELECT 关键字，语法格式如下。

```
SELECT 存储函数名([参数[,…]]);
```

执行以下语句调用例 6.15 中的存储函数。

```
SELECT num_passuser();
```

执行以下语句调用例 6.16 中的存储函数。

```
SELECT user_bodyphone();
```

执行以下语句调用例 6.17 中的存储函数。

```
SELECT del_Passuser();
```

在存储函数中还可以调用另外一个存储函数或存储过程。

【例 6.18】创建一个存储函数 pass_user( )，通过调用存储函数 name_user( )获得通过贷款的用户信息，并判断该用户是否姓"周"，是则返回审核通过时间，不是则返回"不合要求"。

```
mysql>DELIMITER $$
      ->CREATE FUNCTION pass_user(u_name char(20))
      ->RETURNS char(20)
      ->DETERMINISTIC
      ->BEGIN
      ->DECLARE name char(20);
      ->SELECT name_user(u_name)INTO name;
      ->IF name like '周%' THEN
      ->RETURN(SELECT 审核通过时间 FROM pass_user WHERE name= u_name);
      ->ELSE
      ->RETURN '不合要求';
      ->END IF;
      ->END $$
      ->DELIMITER;
```

删除存储函数的方法与删除存储过程的方法基本一样，都使用 DROP FUNCTION 语句，语法格式如下。

```
DROP FUNCTION [IF EXISTS]存储函数名;
```

语法说明如下。

- 存储函数名表示要删除的存储函数的名称。
- IF EXISTS 子句是 MySQL 的扩展，如果函数不存在，该子句可以防止发生错误。

【任务实战】

创建一个存储函数 loan_data2( )，通过调用存储函数 name_user( )获得通过贷款的用户信息，并判断该用户是否姓"李"，是则返回审核通过时间，不是则返回"不合要求"。

任务三   设置触发器

【任务要求】

知识要求：掌握触发器的概念和作用。

实施要求：根据任务要求使用 SQL 语句创建和管理触发器。

技术要求：具备创建和管理触发器的技能。

【任务实施】

（1）课前，教师发布任务书，学生根据任务书学习触发器的相关知识，完成触发器的创建和管理。

（2）课上，教师对学生的课前任务完成情况进行评讲。

（3）课后，学生根据教师点评完善触发器的创建、查看、删除等操作。

【任务知识】

触发器用于保护表中的数据，不需要调用。当有操作影响到触发器保护的数据时，触发器会自动执行，可以方便地保证数据库中数据的完整性。例如，当删除 book 数据表中的一本图书目录时，该图书在 sell 表中的所有数据也同时被删除，这样才不会出现多余数据，这一过程通过 DELETE 触发器来实现。

知识 6.3.1   创建触发器

使用 CREATE TRIGGER 语句创建触发器的语法格式如下。

```
CREATE TRIGGER 触发器名  触发时间  触发事件
ON 表名  FOR EACH ROW  触发器动作;
```

语法说明如下。

● 触发器在当前数据库中必须具有唯一的名称。如果要在某个特定数据库中创建触发器，触发器名前面应该加上数据库的名称。

● 触发时间有 AFTER 和 BEFORE 两个选项，表示触发器是在激活语句之前或之后触发。如果要在激活语句执行之后触发，通常使用 AFTER 选项；如果要验证新数据是否满足使用限制，则使用 BEFORE 选项。

● 触发事件表明激活触发程序的语句类型，可以是以下类型。

INSERT：将新行插入表时激活触发器。

UPDATE：更改数据时激活触发器。

DELETE：从表中删除某一行时激活触发器。

● 表名表示与触发器相关的表名称，在该表上发生触发事件才会激活触发器。同一个表不能同时拥有两个具有相同触发时间和触发事件的触发器。例如，一个表不能有两个 BEFORE UPDATE 触发器，但可以有 1 个 BEFORE UPDATE 触发器和 1 个 BEFORE INSERT 触发器，或者有 1 个 BEFORE UPDATE 触发器和 1 个 AFTER UPDATE 触发器。

● FOR EACH ROW 声明表示受触发事件影响的每一行都要激活触发器的动作。例如，使用一条语句向一个表中添加一组数据时，触发器会对每一行执行相应的触发器动作。

● 触发器动作包含触发器激活时要执行的语句。如果要执行多个语句，可使用 BEGIN…END 复合语句结构。

● 触发器不能返回任何结果到客户端，也不能调用将数据返回客户端的存储过程。为了阻止从触发器返回结果，不能在触发器定义中包含 SELECT 语句。

下面通过一个例子说明触发器的使用方法。

【例 6.19】在 loan_p 数据表中创建一个触发器，每次插入操作时，都将用户变量 str 的值设为"一个用户已添加"。

```
CREATE TRIGGER loan_p _insert AFTER INSERT
ON loan_p FOR EACH ROW
SET @str='一个用户已添加';
```

向 loan_p 中插入一行数据。

```
INSERT INTO loan_p
VALUES('NULL','王五','男','23',15863655465,150111122335456,10,'按揭',100000, 250000,2021-04-26,'待审批');
```

loan_p_insert 触发器的执行结果如图 6.2 所示。

MySQL 触发器中的 SQL 语句可以关联表中的任意列，但不能直接使用列的名称标识，因为激活触发器的语句可能已经修改、删除或添加了新的列名，而旧名同时存在，因此必须用"NEW.列名"或"OLD.列名"来标识。

```
mysql>SELECT @str;
+----------------+
|      @str      |
+----------------+
| 一个用户已添加 |
+----------------+
1  row in set
```

图 6.2　loan_p_insert 触发器的执行结果

对于 INSERT 语句来说，只有 NEW 是合法的；对于 DELETE 语句来说，只有 OLD 才合法；而 UPDATE 语句可以与 NEW 或 OLD 同时使用。

【例 6.20】创建一个触发器，当删除 notpass 数据表中某用户的信息时，同时将 loan_p 数据表中与该用户有关的数据全部删除。

```
mysql>DELIMITER $$
    ->CREATE TRIGGER notpass_del AFTER DELETE
    ->ON notpass FOR EACH ROW
    ->BEGIN
    ->DELETE FROM loan_p WHERE bodyphone=OLD.bodyphone;
    ->END $$
    ->DELIMITER;
```

删除 notpass 数据表的数据后才执行触发器程序删除 loan_p 数据表中的数据，此时 notpass 数据表中的数据已经删除，只能用 "OLD.bodyphone" 来表示这个已经删除的数据对应的身份证号码，loan_p 数据表使用 "WHERE bodyphone=OLD.bodyphone" 查找要删除的记录。

下面验证触发器的功能。

```
DELETE FROM notpass WHERE bodyphone=418152200005092624;
```

使用 SELECT 语句查看 loan_p 数据表中的情况。

```
SELECT * FROM loan_p WHERE bodyphone=418152200005092624;
```

这时可以发现，身份证号码为 418152200005092624 的贷款用户在 loan_p 数据表中的所有信息已经被删除了。

知识 6.3.2　删除触发器

和其他数据库对象一样，使用 DROP 语句可将触发器从数据库中删除，语法格式如下。

```
DROP TRIGGER 触发器名;
```

语法说明如下。
- 触发器名表示要删除的触发器名称。
- 删除触发器使用的关键字为 user_ins，语法格式如下。

```
DROP TRIGGER user_ins;
```

【任务实战】

创建一个触发器，当增加黑名单用户信息表（loan3）中某用户的信息时，同时将与该用户有关的数据全部增加到 notpass 数据表中。

任务四　创建事件

【任务要求】

知识要求：掌握事件的功能和触发机制。

实施要求：使用 SQL 语句创建事件并设置事件调度器。

技术要求：具备创建事件和设置事件调度器的技能。

【任务实施】

（1）课前，教师发布任务书，学生根据任务书在线学习事件的相关知识，完成事件的创建和事件调度器的设置。

（2）课上，教师对学生的课前任务完成情况进行评讲。

（3）课后，学生根据教师点评完善事件的创建和事件调度器的设置。

【任务知识】

事件（Event）是 MySQL 在相应的时刻调用的过程式数据库对象。一个事件可调用一次，也可周期性地启动，由事件调度器（Event Scheduler）管理。

事件和触发器类似，都在某些事情发生时启动。当数据库启动一条语句时，触发器就启动了，而事件是根据调度事件来启动的。由于它们彼此相似，因此事件也称为临时性触发器。

事件取代了原先只能由操作系统的计划任务执行的工作，MySQL 的事件调度器可以精确到每秒钟执行一个任务，而操作系统的计划任务（例如 Linux 系统下的 CRON 或 Windows 系统下的任务计划）只能精确到每分钟执行一次。事件可以实现每秒钟执行一个任务，这在一些对实时性要求较高的环境下非常实用。某些对数据的定时性操作可以不再依赖外部程序，而直接使用数据库本身提供的功能。

知识 6.4.1　创建事件

事件基于特定时间周期的触发来执行某些任务，语法格式如下。

```
CREATE EVENT 事件名 ON SCHEDULE 时间调度 DO 触发事件;
```

时间调度用于指定事件何时发生或每隔多久发生一次，如果加上时间间隔，则表示在这个时间间隔后事件发生。

```
EVERY 时间间隔 [STARTS 时间点 [+INTERVAL 时间间隔]]
ENDS 时间点 [+INTERVAL 时间间隔];
```

STARTS 用于指定开始时间，ENDS 用于指定结束时间。

触发事件包含激活时将要执行的语句，一条 CREATE EVENT 语句创建一个事件。每个事件由两个主要部分组成，第一部分是事件调度（时间调度），表示事件何时启动和按什么频率启动；第二部分是事件动作（触发事件），这是事件启动时执行的代码，包含一条 SQL 语句。

知识 6.4.2　设置事件调度器

一个事件可以是活动（打开）的或停止（关闭）的，"活动"意味着事件调度器检查事件是否必须调用；"停止"意味着事件的声明存储在目录中，但调度器不会检查它是否应该调用。在一个事件创建之后，它立即变为活动的，一个活动的事件可以执行一次或多次。

MySQL 事件调度器 EVENT_SCHEDULER 负责调用事件，这个调度器不断地监视一个事件是否要调用。要创建事件，就必须打开调度器。可以用"SELECT @@EVENT_SCHEDULER;"命令查看事件调度器的状态，ON 表示开启，OFF 表示关闭。

事件调度器的相关命令如下。

开启事件调度器。

```
SET GLOBAL EVENT_ SCHEDULER=1;
```

临时关闭某事件。

```
ALTER EVENT 事件名  DISABLE;
```

再次启动某事件。

```
ALTER EVENT 事件名  ENABLE;
```

删除某事件。

```
DROP EVENT 事件名;
```

查看事件。

```
SHOW EVENTS;
```

【任务实战】

创建并查看 MySQL 的事件，查询并设置 MySQL 的事件功能状态，对指定 MySQL 的事件进行开/关操作。

【项目小结】

本项目介绍了数据库编程的相关知识，同学们应掌握以下知识。

MySQL 的过程式对象有存储过程、存储函数、触发器和事件等。

存储过程是存放在数据库中的一段程序，可以由程序、触发器或另一个存储过程用 CALL 语句调用而激活。

　　存储函数与存储过程很相似，存储函数一旦定义，只能像系统函数一样直接引用，而不能用 CALL 语句调用。

　　触发器虽然也是存放在数据库中的一段程序，但不需要调用，当有操作影响到触发器保护的数据时，触发器会自动执行来保护表中的数据，保证数据库中数据的完整性。

【提升练习】

　　1. 变量 x=1.23，y=10.3456，请用 MySQL 函数完成以下运算。

　　（1）分别求 x 和 y 的最大整数值和四舍五入后的整数值。

　　（2）求 y 分别保留 2 位小数和 4 位小数的值。

　　2. 设字符串 s1="ABCDEFG"，s2=" xyz "，请用 MySQL 函数完成以下运算。

　　（1）返回 s1 最左边的 3 个字符和最右边的 3 个字符。

　　（2）分别删除字符串 s2 的首部空格、尾部空格、所有空格。

　　（3）返回字符串 s1 从第 3 个字符开始的 4 个字符。

　　（4）比较 s1 和 s2 两个字符串。

　　3. 显示当前日期、当前时间、当前年份，以及当前日期减 10 天的日期。

　　4. 创建存储过程 show_dz，找出贷款成功用户表中贷款地址为"北京"的贷款用户，并将结果存入变量 bj 中，调用该存储过程并显示结果。

　　5. 创建存储过程 sum_n，输入整数 n，求 1+2+…+n，并将结果存入变量 rs 中。调用该存储过程，分别求 n=10、n=100 的结果。

　　6. 创建触发器，在贷款成功用户表中删除名字为"李小敏"的用户信息，同时将贷款申请信息表中与该用户有关的数据全部删除。

项目七 数据库索引与视图

★ 知识目标
  （1）了解索引的概念和作用
  （2）掌握索引的创建和管理方法
  （3）了解视图的概念和作用
  （4）掌握视图的创建和管理方法

★ 技能目标
  （1）具备创建和管理索引的能力
  （2）具备创建和管理视图的能力

★ 素养目标
  （1）具有较强的安全法制意识
  （2）具有一定的创新精神

★ 教学重点
  （1）掌握索引的创建和管理方法
  （2）掌握视图的创建和管理方法

任务一 索引创建和管理

【任务要求】

知识要求：掌握索引创建和管理的相关知识。
实施要求：根据任务要求完成信贷管理系统数据库索引的设计与创建。
技术要求：具备数据库索引的设计与创建技能。

【任务实施】

（1）课前，教师发布信贷管理系统数据库索引管理任务书，学生根据任务书查阅 MySQL 数据库索引的相关资料，根据任务知识初步完成索引管理相关技术文档的撰写。
（2）课上，教师对学生的相关技术文档进行评讲。
（3）课后，学生根据教师点评完善索引管理技术文档。

【任务知识】

知识 7.1.1　索引概述

对数据库中的表进行查询操作时，有两种搜索扫描方式，一种是全表扫描，另一种是使用表上创建的索引进行扫描。

在 MySQL 的性能优化中，索引是非常重要的一部分，好的索引逻辑可以大大提高 MySQL 的效率。创建索引时，需要确保该索引是应用在 SQL 查询语句中的条件（一般作为 WHERE 子句的条件）。

实际上，索引也是一张表，该表保存了主键和索引字段，并指向实体表的数据，因此建立索引会占用磁盘空间的索引文件。

知识 7.1.2　索引的分类

在 MySQL 中，索引在存储引擎层实现，而不是在服务器层实现，所以不同存储引擎具有不同的索引类型和实现方式。按字段特性分类，常见的索引有普通索引（INDEX）、唯一索引（UNIQUE）、组合索引、全文索引（FULLTEXT）、空间索引（SPATIAL）和主键索引（PRIMARY KEY）等。

普通索引是 MySQL 中最基本的索引，它没有任何限制，其任务是加快对数据的访问速度。

唯一索引与普通索引类似，不同之处在于索引列的值必须唯一，但允许有空值。如果索引列包含多个字段，则列值的组合必须唯一。创建唯一索引的主要目的不是提高查询速度，而是避免数据重复。

组合索引是指在表的多个字段组合上创建的索引。

全文索引可以在 char( )、varchar( ) 和 text 类型的列上创建，创建索引的列支持值的全文查找，并且允许列值重复和为 NULL。

空间索引是对空间数据类型的字段创建的索引，MySQL 中的空间数据类型主要有 geometry、point、linestring 和 polygon 等。创建空间索引的字段必须声明为 NOT NULL。

主键索引是一种唯一索引，主键一般在创建表时指定，也可以通过修改表的方式加入主键。

知识 7.1.3　索引的设计原则

索引设计不合理将会直接影响数据库的性能，设计索引时应该遵循以下原则。

（1）数据量很小的表最好不要使用索引，否则可能比直接扫描整张表还慢。

（2）索引并非越多越好。过多的索引会占用大量磁盘空间，并且会影响插入、修改和删除等语句的性能。

（3）经常执行修改操作的表不要创建过多索引，并且索引中的列应尽可能少。

（4）应在不同值较多的列上创建索引，不同值较少的列不要创建索引。例如，员工表中的"性别"字段，只有"男"和"女"两个不同值，因此不需要建立索引，否则不仅不会提高查询效率，反而会严重降低更新速度。

（5）应在频繁进行排序或分组的列上创建索引。如果待排序的列有多个，可以在这些列上创建组合索引。

知识 7.1.4　索引的管理和维护

MySQL 支持用多种方法在单个或多个列上创建索引，可以在创建表的同时创建索引，也可以在已有的表上创建索引。

1　使用 CREATE TABLE 语句在创建表时创建索引

使用 CREATE TABLE 语句创建表时，除了可以定义列的数据类型，还可以定义主键约束、外键约束、唯一约束等。不论创建哪种约束，定义约束的同时相当于在指定的列上创建了一个指定约束。

使用 CREATE TABLE 语句在创建表时创建索引的语法格式如下。

```
CREATE TABLE  表名称(
字段名称 数据类型 [完整性约束条件],
PRIMARY KEY(字段名称,…), /*主键索引*/
INDEX|KEY[索引名称](字段名称,…[ASC|DESC]) /*普通索引*/
[UNIQUE|FULLTEXT|SPATIAL][INDEX|KEY][索引名称](字段名称,…[ASC|DESC])
/*唯一索引/全文索引/空间索引*/
)
```

以上语句的参数及其说明如下。

（1）UNIQUE、FULLTEXT、SPATIAL 是可选参数，分别表示唯一索引、全文索引、空间索引。

（2）INDEX 和 KEY 是同义词，作用相同，用来创建指定索引。

（3）ASC|DESC 表示索引字段的排序规则。

2　用 CREATE INDEX 语句创建索引

使用 CREATE INDEX 语句在已存在的表上创建索引的语法格式如下。

```
CREATE [UNIQUE|FULLTEXT|SPATIAL] INDEX  索引名称[索引类型] ON 表名称(索引列名,…);
```

3　使用 ALTER TABLE 语句创建索引

ALTER TABLE 语句用于修改表，在修改表的时候可以向表中添加索引，语法格式如下。

```
ALTER TABLE  表名称
ADD PRIMARY KEY(字段名称,…[ASC|DESC])
ADD INDEX|KEY [索引名称](字段名称,…[ASC|DESC])
ADD [UNIQUE|FULLTEXT|SPATIAL][INDEX|KEY][索引名称](字段名称,…[ASC|DESC]);
```

4　删除索引

MySQL 中删除索引可使用 ALTER TABLE 语句，语法格式如下。

```
ALTER TABLE  表名称
DROP PRIMARY KEY |DROP INDEX  索引名称;
```

使用 DROP PRIMARY KEY 子句不需要提供索引名称，因为一个表只有一个主键。DROP INDEX 语句可以删除各种类型的索引，语法格式如下。

```
DROP INDEX  索引名称 ON 表名称;
```

5　查看索引

使用 SHOW INDEX 语句查看索引的语法格式如下。

```
SHOW INDEX FROM  表名称;
```

如果表中删除了列，索引可能会受到影响。如果删除的列是索引的组成部分，则该列也会从索引中删除。如果组成索引的所有列都被删除，整个索引将被删除。

【例 7.1】执行 SQL 语句，在 credit 数据库中创建 loanuser2 数据表，并为其中的"用户姓名"字段创建普通索引。

步骤 1：执行 SQL 语句，选择 credit 数据库。

```
mysql>USE credit;
Database changed
```

步骤 2：执行 SQL 语句，创建 loanuser2 数据表，同时为"用户姓名"字段创建普通索引。

```
mysql> CREATE TABLE loanuser2
    ->(
    ->'用户编号' char(7),
    ->'用户姓名' varchar(10),
    ->'年龄' int,
    ->'贷款时间' date,
    ->'贷款金额' float(5,2),
    ->INDEX n_index('用户姓名')
    ->);
Query OK, 0 rows affected, 1 warning (0.05 sec)
```

步骤 3：数据表创建完成后，使用 SHOW INDEX 语句查看索引。

```
mysql> SHOW INDEX FROM loanuser2 \G
```

执行结果如图 7.1 所示。

```
        Table: loanuser2
   Non_unique: 1
     Key_name: n_index
 Seq_in_index: 1
  Column_name: 用户姓名
    Collation: A
  Cardinality: 0
     Sub_part: NULL
       Packed: NULL
         Null: YES
   Index_type: BTREE
      Comment:
Index_comment:
      Visible: YES
   Expression: NULL
2 rows in set (0.00 sec)
```

图 7.1　loanuser2 数据表中的索引

图 7.1 中的主要参数及其意义如下。

（1）Table 表示索引所属的数据表。

（2）Non_unique 表示如果索引不能包括重复值，则为 0，否则为 1。

（3）Key_name 表示所有名称。

（4）Column_name 表示创建索引的字段。

（5）Sub_part 表示索引的长度。

（6）Packed 表示关键字如何被压缩。如果没有被压缩，则为 NULL。

（7）Null 表示该字段是否能为空值。

（8）Index_type 表示索引的类型。

【例 7.2】执行 SQL 语句，创建 loanuser3 数据表，并为“用户姓名”和“年龄”2 个字段创建普通索引。

步骤 1：执行 SQL 语句，选择 credit 数据库。

```
mysql>USE credit;
Database changed
```

步骤 2：执行 SQL 语句，创建 loanuser3 数据表，同时为“用户姓名”和“年龄”字段创建普通索引。

```
mysql>CREATE TABLE loanuser3
    ->(
    ->'用户编号' char(7),
    ->'用户姓名' varchar(10),
    ->'年龄' int,
    ->'贷款时间' date,
    ->'贷款金额' float(5,2),
    ->INDEX n_index('用户姓名','年龄')
    ->);
Query OK, 0 rows affected, 1 warning (0.05 sec)
```

步骤 3：执行 SQL 语句，使用 SHOW CREATE TABLE 语句查看表结构。

```
mysql> SHOW CREATE TABLE loanuser3 \G
```

执行结果如图 7.2 所示。

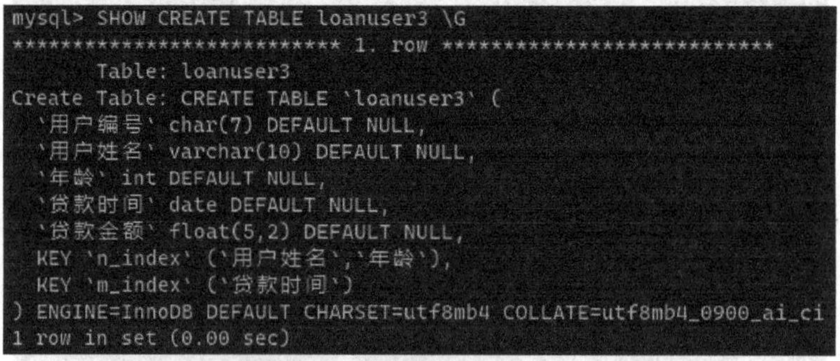

```
mysql> SHOW CREATE TABLE loanuser3 \G
*************************** 1. row ***************************
       Table: loanuser3
Create Table: CREATE TABLE `loanuser3` (
  `用户编号` char(7) DEFAULT NULL,
  `用户姓名` varchar(10) DEFAULT NULL,
  `年龄` int DEFAULT NULL,
  `贷款时间` date DEFAULT NULL,
  `贷款金额` float(5,2) DEFAULT NULL,
  KEY `n_index` (`用户姓名`,`年龄`),
  KEY `m_index` (`贷款时间`)
) ENGINE=InnoDB DEFAULT CHARSET=utf8mb4 COLLATE=utf8mb4_0900_ai_ci
1 row in set (0.00 sec)
```

图 7.2　使用 SHOW CREATE TABLE 语句查看表结构

由图 7.2 可以看出，“用户姓名”和“年龄”字段都已经创建了一个名为 n_index 的组合索引。

【例 7.3】执行 SQL 语句，为例 7.1 中创建的 loanuser2 数据表中的“用户编号”字段创建唯一索引。

步骤 1：执行 SQL 语句，选择 credit 数据库。

```
mysql>USE credit;
Database changed
```

步骤 2：执行 SQL 语句，为 loanuser2 数据表中的“用户编号”字段创建唯一索引。

```
mysql> CREATE UNIQUE INDEX n_unique ON loanuser2('用户编号');
Query OK, 0 rows affected (0.03 sec)
Records:0 Duplicates:0 Warnings:0
```

步骤 3：使用 SHOW INDEX 语句查看 loanuser2 数据表的索引。

```
mysql> SHOW INDEX FROM loanuser2 \G
```

执行结果如图 7.3 所示。

```
mysql> SHOW INDEX FROM loanuser2 \G
*************************** 1. row ***************************
        Table: loanuser2
   Non_unique: 0
     Key_name: n_unique
 Seq_in_index: 1
  Column_name: 用户编号
    Collation: A
  Cardinality: 0
     Sub_part: NULL
       Packed: NULL
         Null: YES
   Index_type: BTREE
      Comment:
Index_comment:
      Visible: YES
   Expression: NULL
```

图 7.3　loanuser2 数据表的索引

【例 7.4】执行 SQL 语句，为例 7.2 中创建的 loanuser3 数据表中的“贷款时间”字段创建普通索引。

步骤 1：执行 SQL 语句，选择 credit 数据库。

```
mysql>USE credit;
Database changed
```

步骤 2：执行 SQL 语句，使用 ALTER TABLE 语句为 loanuser3 数据表中的“贷款时间”字段创建普通索引。

```
mysql> ALTER TABLE loanuser3 ADD INDEX m_index('贷款时间');
Query OK,0 rows affected (0.02 sec)
Records:0 Duplicates:0 Warnings:0
```

步骤 3：使用 SHOW INDEX 语句查看 loanuser3 数据表的索引。

```
mysql> SHOW INDEX FROM loanuser3 \G
```

执行结果如图 7.4 所示。

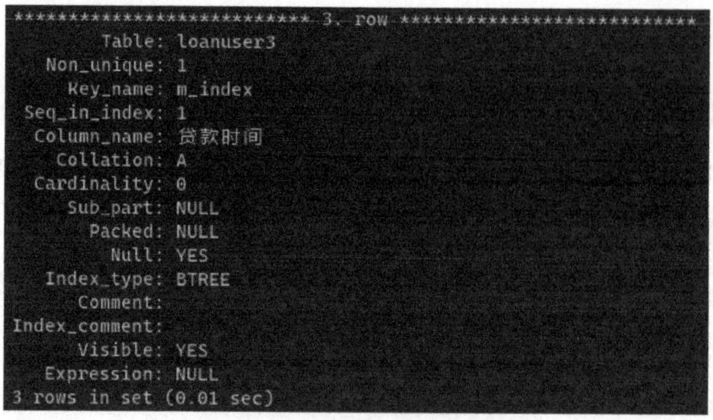

```
*************************** 3. row ***************************
        Table: loanuser3
   Non_unique: 1
     Key_name: m_index
 Seq_in_index: 1
  Column_name: 贷款时间
    Collation: A
  Cardinality: 0
     Sub_part: NULL
       Packed: NULL
         Null: YES
   Index_type: BTREE
      Comment:
Index_comment:
      Visible: YES
   Expression: NULL
3 rows in set (0.01 sec)
```

图 7.4　loanuser3 数据表的索引

【例 7.5】使用 ALTER TABLE 语句删除 loanuser3 数据表中的 n_index 索引。

步骤 1：执行 SQL 语句，删除 loanuser3 数据表中的 n_index 索引。

```
mysql>ALTER TABLE loanuser3 DROP INDEX n_index;
Query OK,0 rows affected (0.01 sec)
Records:0 Duplicates:0 Warnings:0
```

步骤 2：使用 SHOW INDEX 语句查看 loanuser3 数据表的索引。

```
mysql> SHOW INDEX FROM loanuser3 \G
```

执行结果如图 7.5 所示。

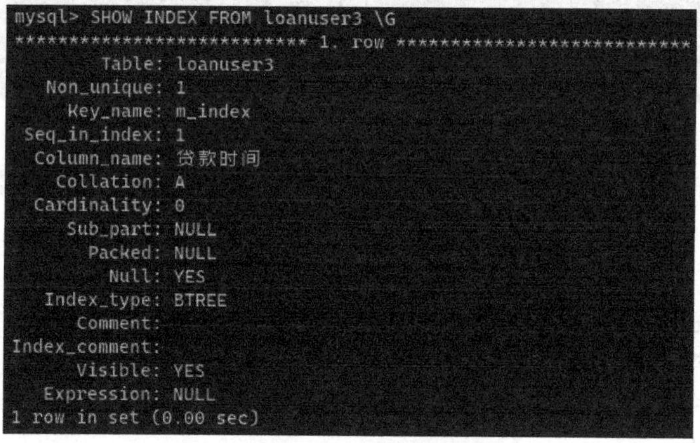

```
mysql> SHOW INDEX FROM loanuser3 \G
*************************** 1. row ***************************
        Table: loanuser3
   Non_unique: 1
     Key_name: m_index
 Seq_in_index: 1
  Column_name: 贷款时间
    Collation: A
  Cardinality: 0
     Sub_part: NULL
       Packed: NULL
         Null: YES
   Index_type: BTREE
      Comment:
Index_comment:
      Visible: YES
   Expression: NULL
1 row in set (0.00 sec)
```

图 7.5　loanuser3 数据表的索引

【例 7.6】使用 DROP INDEX 语句删除 loanuser3 数据表中的 m_index 索引。

步骤 1：执行 SQL 语句，删除 loanuser3 数据表中的 m_index 索引。

```
mysql>DROP INDEX m_index ON loanuser3;
Query OK,0 rows affected (0.01 sec)
Records:0 Duplicates:0 Warnings:0
```

步骤 2：使用 SHOW INDEX 语句查看 loanuser3 数据表的索引。

```
mysql> SHOW INDEX FROM loanuser3 \G
Empty set(0.00 sec)
```

【任务实战】

本任务介绍了索引的概念、特点、分类和设计原则，以及各种索引的创建和查看方法。接下来请在信贷管理系统数据库 credit 中完善还款金额明细表 refund 和贷款金额表 loans_figure 中的索引设计与创建，填写表 7.1 所示的信贷管理系统数据库索引管理任务书。

表 7.1　信贷管理系统数据库索引管理任务书

信贷管理系统数据库索引管理任务书			
姓　　名		学　　号	
专　　业		班　　级	
任务要求	1. 课前自行预习任务一中的任务知识 2. 通过线上或线下的形式查阅数据库索引的相关资料 3. 完成信贷管理系统数据库的索引设计，并填写在"任务内容"一栏中 4. 制作 PPT，在课堂上对索引管理进行汇报		
任务内容			

任务二　视图创建和管理

【任务要求】

知识要求：掌握视图创建和管理的相关知识。
实施要求：根据任务要求完成信贷管理系统数据库视图创建和管理。
技术要求：具备数据库视图创建和管理的技能。

【任务实施】

（1）课前，教师发布信贷管理系统数据库视图管理任务书，学生根据任务书查阅 MySQL 数据库视图的相关资料，根据任务知识初步完成 MySQL 数据库视图管理相关技术文档的撰写。

（2）课上，教师对学生的相关技术文档进行评讲。

（3）课后，学生根据教师点评完善信贷管理系统数据库视图管理技术文档。

【任务知识】

知识 7.2.1　视图的概念

视图（View）是一种虚拟存在的表。同真实的表一样，视图也由列和行构成，但并不实际存在于数据库中。行和列的数据来自定义视图查询时使用的表，并且是在使用视图时动态生成的。

数据库只存放了视图的定义，并没有存放视图中的数据，这些数据都存放在定义视图查询所引用的真实表中。使用视图查询数据时，数据库会从真实表中取出对应的数据。因此，视图中的数据依赖于真实表中的数据，一旦真实表中的数据发生改变，显示在视图中的数据也会发生改变。

知识 7.2.2　视图的优点

视图能简化用户的操作，使操作变得更简单。在实际应用中，用户往往只关心自己感兴趣的那部分数据，对于经常使用的数据，用户可以将其封装在一个视图中。

视图能简化用户权限的管理。通过为不同的用户分配不同的视图，授予用户使用视图的权限，可以增加数据安全性。

视图能提高数据的逻辑独立性。如果没有视图，应用程序一定是建立在数据表上的。有了视图后，应用程序就可以建立在视图之上，从而使应用程序和数据表在逻辑上是分离的。

知识 7.2.3　视图的管理与维护

1　创建视图

视图在数据库中是作为一个对象来存储的。用户在创建视图前要保证自己具有使用 CREATE VIEW 语句的权限，并且有权操作视图所涉及的表或其他视图，语法格式如下。

```
CREATE[OR REPLACE] VIEW 视图名称[(列名称 [,列名称]…)]
AS
SELECT 查询
[WITH [CASCADED|LOCAL] CHECK OPTION];
```

参数说明如下。

（1）VIEW 表示创建视图的关键字。

（2）OR REPLACE 是可选项，表示可以替换已有的同名视图。

（3）AS 表示引导创建视图的 SQL 查询语句。

（4）SELECT 表示用来创建视图的 SELECT 语句。

（5）WITH…CHECK OPTION 是可选项，在视图基础上使用的插入、修改、删除语句必须满足创建视图时 SELECT 查询中 WHERE 子句的条件，这样可以确保数据修改后仍可通过视图看到修改的数据。

（6）WITH…CHECK OPTION 给出 CASCADED 和 LOCAL 两个可选参数，它们决定了检查测试的范围。LOCAL 表示只对定义的视图进行检查，CASCADED 表示对所有视图进行检查。

（7）视图名称后的列名称可以省略。若省略了视图名称之后的列名称，则视图结果集中的列为表中的列；若指定视图中的列，则视图中列的数目必须与 SELECT 查询中列的数目相等。

【例 7.7】loanuser1 表为基表创建视图。

步骤 1：启动并登录 MySQL。

步骤 2：执行 SQL 语句，基于 loanuser1 表创建 v_loanuser1 视图。

```
mysql> CREATE VIEW v_loanuser1 AS SELECT '贷款姓名','年龄' FROM loanuser1;
Query OK, 0 rows affected (0.01 sec)
```

步骤 3：执行 SELECT 语句查询 v_loanuser1 视图，执行结果如图 7.6 所示。

```
mysql> SELECT * FROM v_loanuser1;
+----------+------+
| 贷款姓名 | 年龄 |
+----------+------+
| 周鑫程   |   30 |
| 林言     |   34 |
| 凯莉     |   28 |
| 李慧敏   |   38 |
| 斯年     |   40 |
+----------+------+
5 rows in set (0.00 sec)
```

图 7.6　执行 SELECT 语句查询 v_loanuser1 视图

在默认情况下，视图的字段名称与基表的字段名称相同，但是为了增加数据安全性，也可以为视图字段指定不同的名称。

【例 7.8】loanuser1 表为基表创建视图，并重新为视图字段命名。

```
mysql>CREATE VIEW v_loanuser2(name,age) AS SELECT '贷款姓名','年龄' FROM loanuser1;
Query OK, 0 rows affected (0.01 sec)
```

执行 SELECT 语句查询 v_loanuser2 视图，执行结果如图 7.7 所示。

```
mysql> SELECT * FROM v_loanuser2;
+--------+------+
| name   | age  |
+--------+------+
| 周鑫程 |   30 |
| 林言   |   34 |
| 凯莉   |   28 |
| 李慧敏 |   38 |
| 斯年   |   40 |
+--------+------+
5 rows in set (0.00 sec)
```

图 7.7　执行 SELECT 语句查询 v_loanuser2 视图

由结果可以看出，虽然两个视图的字段名不同，但数据是相同的。因此，在使用视图时，用户不需要了解基表的结构，更接触不到实表中的数据，这样就保证了数据库的安全。

【例 7.9】loanuser1 表和 loanamount 表为基表创建视图，并重新为视图字段命名。

```
mysql>CREATE VIEW v_user_amount(name,age,amount,loan_time)
    ->AS
```

```
->SELECT '贷款姓名','年龄','贷款金额','贷款时间'
-> FROM loanuser1 JOIN loanamount
-> ON loanuser1.'贷款用户编号'=loanamount.'贷款用户编号';
Query OK, 0 rows affected (0.01 sec)
```

语句执行成功后，执行 SELECT 语句查询 v_user_amount 视图中的数据，如图 7.8 所示。

```
mysql> SELECT * FROM v_user_amount;
+--------+------+--------+------------+
| name   | age  | amount | loan_time  |
+--------+------+--------+------------+
| 周鑫程 |   30 |   1500 | 2022-03-21 |
| 林言   |   34 |   3000 | 2021-06-11 |
| 凯莉   |   28 |   4500 | 2021-08-20 |
| 李慧敏 |   38 |   2800 | 2021-03-17 |
| 斯年   |   40 |   6400 | 2021-09-12 |
+--------+------+--------+------------+
5 rows in set (0.00 sec)
```

图 7.8　执行 SELECT 语句查询 v_user_amount 视图中的数据

2　查看视图

查看视图必须要有 SHOW VIEW 权限，通常使用 DESCRIBE 语句查看视图的基本信息，语法格式如下。

```
DESCRIBE 视图名称;
```

【例 7.10】使用 DESC 语句查询 v_loanuser1 视图的结构。

```
mysql> DESC v_loanuser1;
```

执行结果如图 7.9 所示。

```
mysql> DESC v_loanuser1;
+----------+-------------+------+-----+---------+-------+
| Field    | Type        | Null | Key | Default | Extra |
+----------+-------------+------+-----+---------+-------+
| 贷款姓名 | varchar(10) | YES  |     | NULL    |       |
| 年龄     | int         | YES  |     | NULL    |       |
+----------+-------------+------+-----+---------+-------+
2 rows in set (0.00 sec)
```

图 7.9　使用 DESC 语句查询 v_loanuser1 视图的结构

【例 7.11】使用 SHOW CREATE VIEW 语句查询 v_loanuser1 视图的基本信息。

```
mysql> SHOW CREATE VIEW v_loanuser1 \G;
```

执行结果如图 7.10 所示。

```
mysql> SHOW CREATE VIEW v_loanuser1 \G
*************************** 1. row ***************************
                View: v_loanuser1
         Create View: CREATE ALGORITHM=UNDEFINED DEFINER=`root`@`l
ocalhost` SQL SECURITY DEFINER VIEW `v_loanuser1` AS select `loanu
ser1`.`贷款姓名` AS `贷款姓名`,`loanuser1`.`年龄` AS `年龄` from `
loanuser1`
character_set_client: gbk
collation_connection: gbk_chinese_ci
1 row in set (0.00 sec)
```

图 7.10　使用 SHOW CREATE VIEW 语句查询 v_loanuser1 视图的基本信息

在 MySQL 中，information_schema 数据库下的 views 表存储了所有视图的定义。通过对 views 表进行查询，可以查看数据库中所有视图的详细定义，语法格式如下。

```
SELECT * FROM information_schema.views;
```

【例 7.12】通过 views 表查询数据库中视图的详细信息。

```
mysql> SELECT * FROM information_schema.views;
```

执行结果如图 7.11 所示。

```
*************************** 101. row ***************************
       TABLE_CATALOG: def
        TABLE_SCHEMA: credit
          TABLE_NAME: v_loanuser1
     VIEW_DEFINITION: select `credit`.`loanuser1`.`贷款姓名` AS `贷款姓名`,`credit`.`loanuser1`.`年龄` AS `年龄` from `credit`.`loanuser1`
        CHECK_OPTION: NONE
        IS_UPDATABLE: YES
             DEFINER: root@localhost
       SECURITY_TYPE: DEFINER
CHARACTER_SET_CLIENT: gbk
COLLATION_CONNECTION: gbk_chinese_ci
*************************** 102. row ***************************
       TABLE_CATALOG: def
        TABLE_SCHEMA: credit
          TABLE_NAME: v_loanuser2
     VIEW_DEFINITION: select `credit`.`loanuser1`.`贷款姓名` AS `贷款姓名`,`credit`.`loanuser1`.`年龄` AS `年龄` from `credit`.`loanuser1`
        CHECK_OPTION: NONE
        IS_UPDATABLE: YES
             DEFINER: root@localhost
       SECURITY_TYPE: DEFINER
CHARACTER_SET_CLIENT: gbk
COLLATION_CONNECTION: gbk_chinese_ci
```

图 7.11 通过 views 表查询数据库中视图的详细信息

实际的执行结果显示了所有视图的详细信息，此处只截取了前面创建的 v_loanuser1 和 v_loanuser2 视图。下面介绍查询结果中的主要参数及其意义。

（1）TABLE_CATALOG 表示视图的目录。

（2）TABLE_SCHEMA 表示视图所属的数据库。

（3）TABLE_NAME 表示视图的名称。

（4）VIEW_DEFINITION 表示视图定义语句。

（5）IS_UPDATABLE 表示视图是否可以更新。

（6）DEFINER 表示创建视图的用户。

（7）SECURITY_TYPE 表示视图的安全类型。

3 修改视图

MySQL 通过 CREATE OR REPLACE VIEW 语句和 ALTER VIEW 语句修改视图。使用 CREATE OR REPLACE VIEW 语句修改视图的语法格式如下。

```
CREATE OR REPLACE VIEW 视图名称[字段名称,…]
AS SELECT 语句 [WITH [CASCADED|LOCAL] CHECK OPTION];
```

【例 7.13】使用 CREATE OR REPLACE VIEW 语句修改 v_loanuser1 视图。

步骤 1：执行以下语句，选择数据库 credit。

```
mysql> USE credit;
Database changed
```

步骤 2：使用 CREATE OR REPLACE VIEW 语句修改 v_loanuser1 视图。

```
mysql>CREATE OR REPLACE VIEW v_loanuser1
    ->AS
    ->AS SELECT '贷款姓名','年龄','地区' FROM loanuser1;
Query OK, 0 rows affected (0.01 sec)
```

步骤 3：使用 DESC 语句查询视图的结构。

```
mysql> DESC v_loanuser1;
```

执行结果如图 7.12 所示。

```
mysql> DESC v_loanuser1;
+----------+-------------+------+-----+---------+-------+
| Field    | Type        | Null | Key | Default | Extra |
+----------+-------------+------+-----+---------+-------+
| 贷款姓名 | varchar(10) | YES  |     | NULL    |       |
| 年龄     | int         | YES  |     | NULL    |       |
| 地区     | varchar(40) | YES  |     | NULL    |       |
+----------+-------------+------+-----+---------+-------+
3 rows in set (0.00 sec)
```

图 7.12　使用 DESC 语句查询 v_loanuser1 视图的结构

使用 ALTER VIEW 语句修改视图的语法格式如下。

```
ALTER VIEW 视图名称[(列名称 [,列名称]…)]
AS SELECT 查询
[WITH CHECK [CASCADED|LOCAL] OPTION];
```

【例 7.14】使用 ALTER 语句修改视图 v_loanuser2。

步骤 1：执行以下语句，选择数据库 credit。

```
mysql> USE credit;
Database changed
```

步骤 2：使用 ALTER 语句修改视图 v_loanuser2。

```
mysql>ALTER VIEW v_loanuser2(name,age,area)
    ->AS
    ->SELECT '贷款姓名','年龄','地区' FROM loanuser1;
Query OK, 0 rows affected (0.01 sec)
```

步骤 3：使用 DESC 语句查询视图结构。

```
mysql> DESC v_loanuser2;
```

执行结果如图 7.13 所示。

```
mysql> DESC v_loanuser2;
+-------+-------------+------+-----+---------+-------+
| Field | Type        | Null | Key | Default | Extra |
+-------+-------------+------+-----+---------+-------+
| name  | varchar(10) | YES  |     | NULL    |       |
| age   | int         | YES  |     | NULL    |       |
| area  | varchar(40) | YES  |     | NULL    |       |
+-------+-------------+------+-----+---------+-------+
3 rows in set (0.00 sec)
```

图 7.13　使用 DESC 语句查询 v_loanuser2 视图结构

4　查询视图中的数据

创建视图后，就可以像查询基表那样对视图进行查询，语法格式如下。

```
SELECT 列名称 FROM 视图名称;
```

5　更新视图中的数据

视图是一个虚拟的表，所以更新视图数据其实就是更新基表中的数据。不是所有的视图都可以进行数据更新，更新视图时要特别小心，否则可能导致不可预期的后果。

如果视图包含以下结构中的一种，则视图不可更新。

（1）聚合函数。

（2）含有 DISTINCT 关键字。

（3）含有 GROUP BY、ORDER BY 和 HAVING 子句。

（4）含有 UNION 运算符。

（5）位于选择列表中的子查询语句。

（6）FROM 语句中含有多个表。

（7）SELECT 语句中引用了不可更新的视图。

（8）WHERE 子句中的子查询引用了 FROM 子句中的表。

（9）ALGORITHM 选项指定为 TEMPTABLE。

使用 INSERT 语句通过视图向基表中插入数据的语法格式如下。

```
INSERT 视图名称(列名称)
VALUES(值列表);
```

在创建视图时，如果加上了 WITH CHECK OPTION 子句，在插入数据时就会检查插入的数据是否符合视图定义时的条件。当视图所依赖的基表有多个时，不能通过视图向基表中插入数据。

使用 UPDATE 语句修改基表数据的语法格式如下。

```
UPDATE 视图名称
SET 字段名称=值或表达式;
```

如果一个视图依赖于多个基表，修改一次视图只能变动一个基表中的数据。

【例 7.15】修改 v_loanuser2 视图中的数据。

步骤 1：修改视图数据之前，执行 SQL 语句查询视图数据和基表数据，结果如图 7.14 和图 7.15 所示。

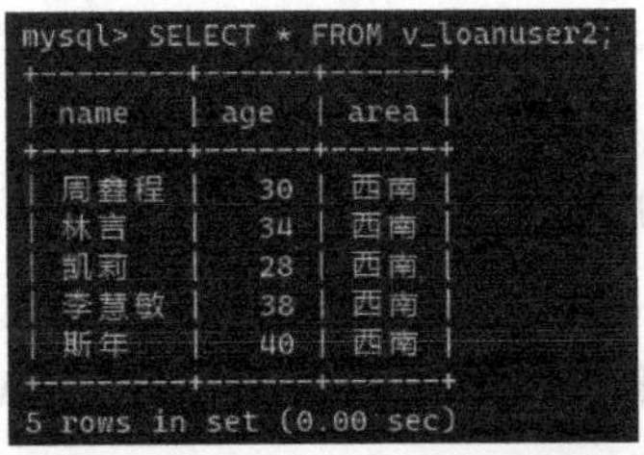

```
mysql> SELECT * FROM v_loanuser2;
+--------+------+------+
| name   | age  | area |
+--------+------+------+
| 周鑫程 |   30 | 西南 |
| 林言   |   34 | 西南 |
| 凯莉   |   28 | 西南 |
| 李慧敏 |   38 | 西南 |
| 靳年   |   40 | 西南 |
+--------+------+------+
5 rows in set (0.00 sec)
```

图 7.14　查询 v_loanuser2 视图数据

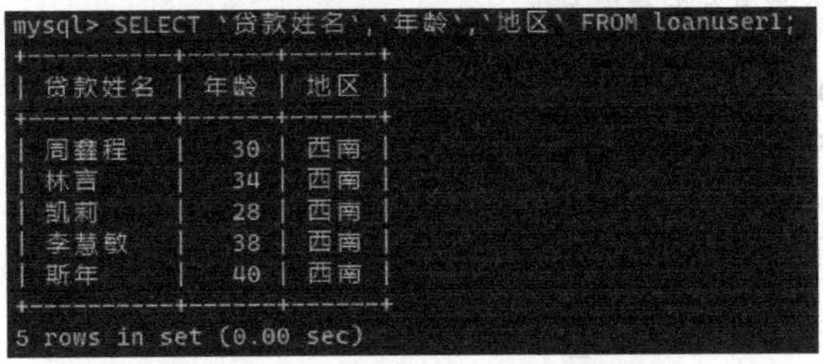

```
mysql> SELECT `贷款姓名`,`年龄`,`地区` FROM loanuser1;
+----------+------+------+
| 贷款姓名 | 年龄 | 地区 |
+----------+------+------+
| 周鑫程   |   30 | 西南 |
| 林言     |   34 | 西南 |
| 凯莉     |   28 | 西南 |
| 李慧敏   |   38 | 西南 |
| 靳年     |   40 | 西南 |
+----------+------+------+
5 rows in set (0.00 sec)
```

图 7.15　查询 loanuser1 基表数据

步骤 2：执行 SQL 语句，修改视图中的数据。

```
mysql>UPDATE v_loanuser2 SET area='东北' WHERE name='周鑫程';
Query OK, 1 row affected (0.01 sec)
Rows matched:1 Changed:1 Warnings:0
```

步骤 3：再次查询视图和基表数据，结果如图 7.16 和图 7.17 所示。

```
mysql> SELECT * FROM v_loanuser2;
+--------+------+------+
| name   | age  | area |
+--------+------+------+
| 周鑫程 |   30 | 东北 |
| 林言   |   34 | 西南 |
| 凯莉   |   28 | 西南 |
| 李慧敏 |   38 | 西南 |
| 斯年   |   40 | 西南 |
+--------+------+------+
5 rows in set (0.00 sec)
```

图 7.16　再次查询 v_loanuser2 视图数据

```
mysql> SELECT `贷款姓名`,`年龄`,`地区` FROM loanuser1;
+----------+------+------+
| 贷款姓名 | 年龄 | 地区 |
+----------+------+------+
| 周鑫程   |   30 | 东北 |
| 林言     |   34 | 西南 |
| 凯莉     |   28 | 西南 |
| 李慧敏   |   38 | 西南 |
| 斯年     |   40 | 西南 |
+----------+------+------+
5 rows in set (0.00 sec)
```

图 7.17　再次查询 loanuser1 基表数据

从图 7.16 和图 7.17 可以看出，视图和表的第 1 条记录中，地区全部修改为了“东北”。

使用 DELETE 语句删除基表数据的语法格式如下。

```
DELETE FROM 视图名称 WHERE 条件;
```

对于依赖于多个基表的视图，不能使用 DELETE 语句来进行数据的删除。

【例 7.16】删除 v_loanuser2 视图中贷款姓名为“斯年”的数据。

```
mysql>DELETE FROM v_loanuser2 WHERE name='斯年';
Query OK, 1 row affected (0.01 sec)
```

删除数据后，可执行查询语句查询视图和基表中的数据。

当不再需要视图时，可以将其删除。可以使用 DROP VIEW 语句删除视图，语法格式如下。

```
DROP VIEW [IF EXISTS] 视图名称,视图名称…;
```

【例 7.17】使用 DROP 语句删除 v_loanuser1 视图。

步骤 1：执行以下语句，选择 credit 数据库。

```
mysql>USE credit;
Database changed
```

步骤 2：执行以下语句，删除 v_loanuser1 视图。

```
mysql>DROP VIEW IF EXISTS v_loanuser1;
Query OK, 0 rows affected (0.01 sec)
```

步骤 3：执行 SQL 语句，查询数据库中的数据表。

```
mysql>SHOW TABLES LIKE 'v_%';
```

执行结果如图 7.18 所示。

```
mysql> SHOW TABLES LIKE 'v_%';
+-----------------------+
| Tables_in_credit (v_%) |
+-----------------------+
| v_loanuser2           |
| v_user_amount         |
+-----------------------+
2 rows in set (0.00 sec)
```

图 7.18 查询数据库中的数据表

由图 7.18 可以看出，v_loanuser1 视图已经被删除了。

【任务实战】

本任务介绍了视图的概念以及创建、查看、修改和删除视图的方法，接下来请在信贷管理系统数据库 credit 中分别为还款金额明细表 refund 和贷款金额表 loans_figure 创建视图，视图字段和数据如图 7.19 所示。

```
+----------+----------+----------+----------+
| 用户编号 | 用户姓名 | 贷款金额 | 是否逾期 |
+----------+----------+----------+----------+
| 00004    | 周鑫程   |  1500.00 | 否       |
| 00007    | 林言     |  3000.00 | 否       |
| 00008    | 凯莉     |  4500.00 | 是       |
| 00009    | 李慧敏   |  2800.00 | 否       |
| 00011    | 靳年     |  6400.00 | 是       |
+----------+----------+----------+----------+
5 rows in set (0.00 sec)
```

图 7.19 视图字段和数据

请填写表 7.2 所示的信贷管理系统数据库视图管理任务书。

表 7.2 信贷管理系统数据库视图管理任务书

信贷管理系统数据库视图管理任务书			
姓　名		学　号	
专　业		班　级	
任务要求	1. 课前自行预习任务二中的任务知识 2. 通过线上或线下的形式查阅数据库视图的相关资料 3. 完成信贷管理系统数据库视图的创建，并填写在“任务内容”一栏中 4. 制作 PPT，在课堂上对视图管理进行汇报		
任务内容			

【项目小结】

本项目主要介绍了索引和视图的概念和特点，以及索引和视图的创建和管理方法，学生应该重点掌握以下知识。

1. 索引是提高数据库性能的一种方法。

2. 创建索引虽然可以提高查询效率，但设计不合理的索引反而会降低 MySQL 的性能。

3. MySQL 支持用多种方法在单个或多个列上创建索引，可以在创建表的同时创建索引，也可以用 ALTER TABLE 或 CREATE INDEX 语句在已有的表上创建索引。

4. 使用 ALTER TABLE 或 DROP INDEX 语句可以在 MySQL 中删除索引。

5. 视图是基于数据表创建的，操作视图与直接操作基表相比，主要优势是简单、安全和数据独立。

6. 视图的表结构和数据均可以修改，并且基表中的数据会随着视图中数据的改变而改变。

【提升练习】

一、填空题

1. 按字段特性分类，常见的索引有_____、_____、_____、_____和_____。

2. 查看索引的语法格式为_____。

3. 创建视图的基本语法格式为_____。

4. 使用_____语句可以删除一个或多个视图。

二、简答题

1. 简述索引的特点。

2. 简述视图的作用。

项目八　数据库安全及性能优化

★ 知识目标
- （1）掌握创建和删除用户的方法
- （2）掌握权限授予与取消的方法
- （3）掌握数据库备份和恢复的方法
- （4）掌握数据库性能优化的方法

★ 技能目标
- （1）具备在 MySQL 中对用户进行管理的能力
- （2）具备在 MySQL 中进行权限管理的能力
- （3）具备在 MySQL 中进行数据库备份和恢复的能力
- （4）具备 MySQL 数据库性能优化的能力

★ 素养目标
- （1）具有较强的安全法制意识
- （2）具有一定的创新精神

★ 教学重点
- （1）创建和删除用户
- （2）权限的授予与取消
- （3）数据库性能优化

任务一　用户与权限管理

【任务要求】

知识要求：掌握用户与权限管理的相关知识。
实施要求：根据任务要求完成信贷管理系统数据库的用户创建与权限管理操作。
技术要求：具备数据库用户与权限管理的技能。

【任务实施】

（1）课前，教师发布信贷管理系统数据库用户与权限管理任务书，学生根据任务书查阅用户与权限管理的相关资料，根据任务知识初步完成数据库用户与权限管理相关技术文档的撰写。

（2）课上，教师对学生的相关技术文档进行评讲。

（3）课后，学生根据教师点评完善信贷管理系统数据库用户与权限管理技术文档。

【任务知识】

知识 8.1.1 用户权限概述

在正常的工作环境中，为了保证数据库的安全，数据库管理员会给需要操作数据库的人员分配账号和可操作的权限范围，让其能仅在自己的权限范围内操作。

数据库权限主要以用户允许执行的 SQL 语句来划分，可以分为四类操作：数据查询语言（DQL）、数据操纵语言（DML）、数据定义语言（DDL）和数据控制语言（DCL）。

非技术人员通常只能使用 DQL，这也是权限最低的 SQL 操作。DQL 的基本结构由 SELECT 子句、FROM 子句和 WHERE 子句构成。

一般开发人员的权限除了 DQL，还有 DML，也就是要满足增、删、改、查等需求。

高级开发人员主要使用 DDL 语句来创建数据库中的各种对象——数据表（Table）、视图（View）、索引（Index）等。

DCL 用来授予或收回访问数据库的某种特权，并控制数据库操作事务发生的时间及效果，对数据库实行监视。

在数据库的权限分配和管理过程中，应当严格区分账户的用途，按照最小可用原则分配对应的权限。当账户不再使用时，应当立即收回权限。

知识 8.1.2 数据库的安全性

在服务器上运行 MySQL 时，数据库管理员有责任防止 MySQL 遭受非法用户的侵入，拒绝非法用户访问数据，保证数据库的安全性和完整性，这涉及数据库系统的内部安全性和外部安全性。

内部安全性关心的是文件系统问题，即防止 MySQL 的数据目录被在服务器主机有账号的人进行攻击。

外部安全性关心的是从外部通过网络连接服务器的客户问题，即保护 MySQL 服务器免受来自网络连接的攻击。要提升外部安全性，必须设置 MySQL 授权表，使外部人员不允许访问服务器管理的数据库内容，除非提供有效的用户名和口令。

知识 8.1.3 MySQL 用户管理

1 创建用户

在对 MySQL 的日常管理和实际操作中，为了避免用户冒名使用 root 账号控制数据库，通常需要创建一系列具备适当权限的账号，并且尽可能不用或少用 root 账号登录系统，以此来确保数据的安全访问。

通过 CREATE USER 语句可以创建一个或多个 MySQL 账户，并设置相应的口令，语法格式如下。

CREATE USER 用户名 [IDENTIFIED BY [PASSWORD] 口令];

语法说明如下。

（1）用户名

创建用户的账号格式为"user_name@host_name"，user_name 是用户名，host_name 是主机名，即用户连接 MySQL 时所在主机的名字。如果在创建的过程中只给出了账户的用户名而没指定主机名，则主机名默认为"%"，表示一组主机。

（2）PASSWORD

PASSWORD 是可选项，用于指定散列口令。如果使用明文设置口令，则需要忽略 PASSWORD 关键字；如果不想以明文设置口令，且知道 PASSWORD( )函数返回给密码的散列值，可以在口令设置语句中指定此散列值，但需要加上 PASSWORD 关键字。

（3）IDENTIFIED BY 子句

这个子句用于指定用户账号对应的口令，如果该用户账号无口令，则可省略此子句。

（4）口令

口令在 IDENTIFIED BY 关键字或 PASSWOED 关键字之后指定，可以是只由字母和数字组成的明文，也可以是通过 PASSWORD( )函数得到的散列值。

使用 CREATE USER 语句时应该注意以下几点。

（1）如果使用 CREATE USER 语句时没有为用户指定口令，那么 MySQL 允许该用户不使用口令登录系统。然而，从安全的角度而言，不推荐这种做法。

（2）使用 CREATE USER 语句时必须拥有 MySQL 数据库的 INSERT 权限或全局 CREATE USER 权限。

（3）使用 CREATE USER 语句创建一个用户账号后，会在系统自身的 MySQL 数据库的 user 表中添加一条新记录。如果创建的账户已经存在，执行语句时会出现错误。

（4）新创建的用户拥有的权限很少，可以登录 MySQL，只允许进行不需要权限的操作，例如使用 SHOW 语句查询所有存储引擎和字符集列表等。

（5）如果两个用户具有相同的用户名和不同的主机名，MySQL 会将他们视为不同的用户，并允许为这两个用户分配不同的权限集合。

【例 8.1】使用 CREATE USER 语句创建一个用户，用户名是 james，密码是 tiger，主机是 localhost。

```
mysql> CREATE USER 'james'@'localhost' IDENTIFIED BY 'tiger';
Query OK, 0 rows affected (0.02 sec)
```

localhost 关键字指定了用户创建的是使用 MySQL 连接的主机。如果一个用户名或主机名中包括特殊的符号，例如"_"或"%"，则需要用单引号将其括起来。

2　修改用户

（1）修改用户名称

可以使用 RENAME USER 语句修改一个或多个已经存在的 MySQL 用户账号，语法格式如下。

RENAME USER 旧用户名称 TO 新用户名称;

语法说明如下。

①旧用户：系统中已经存在的 MySQL 用户账号。

② 新用户：新的 MySQL 用户账号。

【例 8.2】使用 RENAME USER 语句将用户名 james 修改为 jack，主机是 localhost。

```
mysql> RENAME USER 'james'@'localhost' TO 'jack'@'localhost';
Query OK, 0 rows affected (0.01 sec)
```

使用 RENAME USER 语句时应该注意以下几点。

① RENAME USER 语句用于对原有的 MySQL 账户进行重命名。

② 若系统中的旧账户不存在或者新账户已存在，该语句执行时会出现错误。

③ 要使用 RENAME USER 语句，必须拥有 MySQL 数据库的 UPDATE 权限或全局 CREATE USER 权限。

（2）修改用户密码

可以使用 SET PASSWORD 语句修改一个用户的登录密码，语法格式如下。

```
SET PASSWORD [FOR user ]=新明文口令;
```

FOR 子句是可选项，用于指定欲修改密码的用户；新明文口令表示设置的新密码。

使用 SET PASSWORD 语句时应注意以下几点。

① 在 SET PASSWORD 语句中，如果不加上 FOR 子句，则表示修改当前用户的密码；如果上 FOR 子句，表示修改账户为 user 的用户密码。

② user 必须以 user_name@host_name 的格式指定，user_name 为用户名称，host_name 为账户的主机名。

③ 该账户必须在系统中存在，否则执行语句时会出现错误。

【例 8.3】使用 SET PASSWORD 语句将用户名 jack 对应的密码修改为 jack2022，主机是 localhost。

```
mysql> SET PASSWORD FOR 'jack'@'localhost'='jack2022';
Query OK, 0 rows affected (0.01 sec)
```

3 删除用户

可以使用 DROP USER 语句来删除一个或多个用户账号以及相关的权限，语法格式如下。

```
DROP USER 用户名称 1 [,用户名称 2,…];
```

使用 DROP USER 语句时应该注意以下几点。

（1）DROP USER 语句可用于删除一个或多个 MySQL 账户，并撤销其原有权限。

（2）使用 DROP USER 语句时，必须拥有 MySQL 数据库的 DELETE 权限或全局 CREATE USER 权限。

（3）如果没有明确地给出账户的主机名，则主机名默认为"%"。

【例 8.4】使用 DROP USER 语句删除用户 jack。

```
mysql> DROP USER 'jack'@'localhost';
Query OK, 0 rows affected (0.01 sec)
```

删除用户不会影响之前创建的数据表、索引或其他数据库对象，因为 MySQL 并不会记录是谁创建了这些对象。

知识 8.1.4　MySQL 权限管理

MySQL 权限管理是保障系统安全的一道防线，首先需要限制非法用户连接数据库服务器，其次要验证用户的操作权限。MySQL 的相关权限信息主要存储在几个被称为 grant tables 的系统表中，即 mysql.user、mysql.db、mysql.tables_priv、mysql.columns_priv 和 mysql.procs_priv。由于权限信息的数据量比较小，访问又非常频繁，所以 MySQL 在启动时会将所有权限信息都加载到内存中。

1　权限表

通过网络连接服务器的客户对 MySQL 数据库的访问由权限表的内容来控制。权限表位于 MySQL 数据库中，并在第一次安装 MySQL 时进行初始化。

当 MySQL 启动时，首先会读取权限表，并将表中的数据装入内存。当用户进行存取操作时，MySQL 会根据这些表中的数据进行相应的权限控制。

2　权限表 user 和 db 的结构和作用

（1）user 表

user 表是 MySQL 中最重要的一个权限表，用于记录允许连接到服务器的账号信息。user 表列出可以连接服务器的用户及其口令，并指定用户有哪种全局（超级用户）权限。

user 表启用的权限均是全局权限，适用于所有数据库。例如，如果用户启用了 DELETE 权限，则该用户可以从任何表中删除记录。MySQL 5.7 版本的 user 表有 45 个字段，共分为四类，分别是用户列、权限列、安全列和资源控制列。

（2）db 表

db 表也是 MySQL 数据库中非常重要的权限表。db 表中存储了用户对某个数据库的操作权限，决定用户能从哪个主机存取哪个数据库。db 表对给定主机上的数据库级操作权限进行更细致的控制，字段大致可以分为用户列和权限列。

db 表的用户列包括 Host、User 和 Db，分别表示主机名、用户名和数据库名，指定某个用户对某个数据库的操作权限，这三个字段的组合构成了 db 表的主键。

user 表的权限是针对所有数据库的，如果希望用户只对某个数据库有操作权限，那么需要将 user 表中的权限设置为 N，然后在 db 表中设置对应数据库的操作权限。例如，如果只为某用户设置了查询 test 表的权限，那么 user 表的 select_priv 字段的取值为 N，而 SELECT 权限则记录在 db 表中，db 表的 select_priv 字段的取值将会是 Y。由此可见，用户先根据 user 表的内容获取权限，然后再根据 db 表的内容获取权限。

3　tables_priv 表、columns_priv 表和 procs_priv 表

tables_priv 表用来设置操作权限；columns_priv 表用来对某一列设置权限；procs_priv 表可以对存储过程和存储函数设置操作权限。

tables_priv 表的权限包括 SELECT、INSERT、UPDATE、DELETE、CREATE、DROP、GRANT、REFERENCES、INDEX 和 ALTER 等字段。columns_priv 表的权限包括 SELECT、INSERT、UPDATE 和 REFERENCES 等字段。procs_priv 表的权限包括 EXECUTE、ALTER ROUTINE 和 GRANT 等字段。

4　MySQL 的权限类型

MySQL 有多种类型的权限，这些权限都存储在 MySQL 的权限表中，如表 8.1 所示。在 MySQL 启动时，服务器将 MySQL 的权限信息读入内存。

表 8.1 MySQL 的权限

权限名称	对应 user 表中的列	权限范围
CREATE	create_priv	数据库、表、索引
DROP	drop_priv	数据库、表、索引
GRANT OPTION	grant_priv	数据库、表、存储过程
REVOKE	revoke_priv	数据库、表、存储过程
REFERENCES	references_priv	数据库、表
EVENT	event_priv	数据库
ALTER	alter_priv	数据库
DELETE	delete_priv	表
INDEX	index_priv	用索引查询的表
SELECT	select_priv	表、列
UPDATE	update_priv	表、列
CREATE VIEW	create_view_priv	视图
SHOW VIEW	show_view_priv	视图
CREATE ROUTINE	create_routine_priv	存储过程、存储函数
ALTER ROUTINE	alter_routine_priv	存储过程、存储函数
EXECUTE	execute_priv	服务器上的文件
FILE	file_priv	表
CREATE TEMPORARY TABLES	create_temporary_tables_priv	表
LOCK TABLES	lock_tables_priv	服务器管理
CREATE USER	create_user_priv	存储过程、存储函数
PROCESS	process_priv	服务器上的文件
RELOAD	reload_priv	服务器管理
REPLICATION CLIENT	replication_client_priv	服务器管理
REPLICATION SLAVE	replication_slave_priv	服务器管理
SHOW DATABASES	show_databases_priv	服务器管理
SUPER	super_priv	服务器管理

5 授予用户权限

成功创建用户账号后，需要为该用户分配适当的访问权限。可以使用 SHOW GRANT FOR 语句来查询用户的权限。

对于新创建的 MySQL 用户，可以用 GRANT 语句来实现授权，语法格式如下。

```
GRANT
权限类型 [(列名称)] [,权限类型 [(列名称)]]
ON 对象 权限级别 TO 用户;
```

其中，"用户"的格式如下。

```
用户名称 [IDENTIFIED] BY [PASSWORD] 口令
[WITH GRANT OPTION]
[MAX_QUERIES_PER_HOUR] 次数
[MAX_UPDATES_PER_HOUR] 次数
[MAX_CONNECTIONS_PER_HOUR] 次数
[MAX_USER_CONNECTIONS] 次数;
```

语法说明如下。

（1）列名称是可选项，用于指定权限要授予表中哪些列。

（2）ON 子句用于指定权限授予的对象和级别，例如在 ON 关键字后给出要授予权限的数据库名称或表名称等。

（3）权限级别用于指定权限的级别，可以授予的权限有如下几组。

① 列权限和表中的一个具体列相关，例如，可以使用 UPDATE 语句更新 students 表中 student_name 列的权限。

② 表权限和一个具体表中的所有数据相关，例如，可以使用 SELECT 语句查询 students 表的所有数据权限。

③ 数据库权限和一个具体数据库中的所有表相关，例如，可以在已有的数据库 mytest 中创建新表的权限。

④ 用户权限和 MySQL 中所有的数据库相关，例如，可以删除已有的数据库或创建一个新的数据库权限。

（4）GRANT 语句中可用于指定权限级别的值有以下几类格式。

① "*" 和 "*.*" 表示当前数据库中的所有表。

② "db_name.*" 表示某个数据库中的所有表，db_name 是指定的数据库名称。

③ "db_name.tbl_name" 表示某个数据库中的某个表或视图，db_name 是指定的数据库名称，tbl_name 是指定的表名称或视图名称。

④ "db_name.routine_name" 表示某个数据库中的某个存储过程或存储函数，routine_name 是指定的存储过程名称或函数名称。

⑤ TO 子句用来设定用户口令以及指定被赋予权限的用户。

（5）GRANT 语句中的权限类型说明如下。

① 授予数据库权限时，权限类型可以指定为以下值。

● SELECT 表示授予用户使用 SELECT 语句访问特定数据库中所有表和视图的权限。

● INSERT 表示授予用户使用 INSERT 语句向特定数据库中所有表添加数据行的权限。

● DELETE 表示授予用户使用 DELETE 语句删除特定数据库中所有表的数据行的权限。

● UPDATE 表示授予用户使用 UPDATE 语句更新特定数据库中所有数据表的值的权限。

● REFERENCES 表示授予用户创建指向特定数据库中的表外键的权限。

● CREATE 表示授权用户使用 CREATE TABLE 语句在特定数据库中创建新表的权限。

● ALTER 表示授予用户使用 ALTER TABLE 语句修改特定数据库中所有数据表的

权限。

- SHOW VIEW 表示授予用户查看特定数据库中已有视图的视图定义的权限。
- CREATE ROUTINE 表示授予用户为特定数据库创建存储过程和存储函数的权限。
- ALTER ROUTINE 表示授予用户更新和删除数据库中已有存储过程和存储函数的权限。
- INDEX 表示授予用户在特定数据库中的所有数据表上定义和删除索引的权限。
- DROP 表示授予用户删除特定数据库中所有表和视图的权限。
- CREATE TEMPORARY TABLES 表示授予用户在特定数据库中创建临时表的权限。
- CREATE VIEW 表示授予用户在特定数据库中创建新视图的权限。
- EXECUTE ROUTINE 表示授予用户调用特定数据库的存储过程和存储函数的权限。
- LOCK TABLES 表示授予用户锁定特定数据库的已有数据表的权限。
- ALL 或 ALL PRIVILEGES 表示授予以上所有权限。

② 授予表权限时，权限类型可以指定为以下值。

- SELECT 表示授予用户使用 SELECT 语句访问特定表的权限。
- INSERT 表示授予用户使用 INSERT 语句向特定表中添加数据行的权限。
- DELETE 表示授予用户使用 DELETE 语句从特定表中删除数据行的权限。
- DROP 表示授予用户删除数据表的权限。
- UPDATE 表示授予用户使用 UPDATE 语句更新特定数据表的权限。
- ALTER 表示授予用户使用 ALTER TABLE 语句修改数据表的权限。
- REFERENCES 表示授予用户创建一个外键来参照特定数据表的权限。
- CREATE 表示授予用户使用特定名字创建一个数据表的权限。
- INDEX 表示授予用户在表上定义索引的权限。
- ALL 或 ALL PRIVILEGES 表示授予以上所有权限。

③ 授予列权限时，权限类型的值只能指定为 SELECT、INSERT 和 UPDATE，权限后面需要加上列名称列表。

④ 最有效率的权限是用户权限。授予用户权限时，权限类型除了可以指定为授予数据库权限时的所有值，还可以是以下这些值。

- CREATE USER 表示授予用户创建和删除新用户的权限。

- SHOW DATABASES 表示授予用户使用 SHOW DATABASES 语句查看所有已有数据库的定义的权限。

【例 8.5】使用 GRANT 语句创建一个新用户 testUser，密码为 123456。用户 testUser 对所有数据有查询、插入权限，并授予 GRANT 权限。

步骤 1：执行以下 SQL 语句，创建新用户 testUser。

```
mysql> CREATE USER 'testUser'@'localhost' IDENTIFIED BY '123456';
Query OK, 0 rows affected (0.01 sec)
```

步骤 2：使用 GRANT 语句，为用户 testUser 授予查询、插入权限。

```
mysql> GRANT SELECT,INSERT ON *.* TO 'testUser'@'localhost';
Query OK, 0 rows affected (0.01 sec)
```

步骤 3：使用 SELECT 语句查询用户 testUser 的权限。

```
mysql>SELECT host,user,select_priv,insert_priv FROM mysql.user
```

```
->WHERE user='testUser';
```

用户 testUser 的权限如图 8.1 所示。

图 8.1　用户 testUser 的权限

6　删除用户权限

在 MySQL 中可以使用 REVOKE 语句删除用户的权限,但此用户不会被删除,语法格式有以下两种形式。

REVOKE 权限类型 [(列名称)] [,权限类型 [(列名称)]]…ON 对象类型 权限名称 FROM 用户 1 [,用户 2,…];

或

REVOKE ALL PRIVILEGES, GRANT OPTION FROM user 用户 1 [,用户 2,…];

语法说明如下。

(1)REVOKE 语句和 GRANT 语句的语法格式类似,但具有相反的效果。

(2)第一种语法格式用于回收某些特定的权限。

(3)第二种语法格式用于回收特定用户的所有权限。

(4)要使用 REVOKE 语句,必须拥有 MySQL 的全局 CREATE USER 权限或 UPDATE权限。

【例 8.6】使用 REVOKE 语句取消用户 testUser 的插入权限。

```
mysql> REVOKE INSERT ON *.* FROM 'testUser'@'localhost';
Query OK, 0 rows affected (0.00 sec)
```

使用 SELECT 语句查询用户 testUser 的权限,查询结果如图 8.2 所示。

图 8.2　取消插入权限后用户 testUser 的权限

【任务实战】

本任务介绍了 MySQL 中的权限表、用户管理与权限管理。请练习创建一个新用户账号并为其授权,最后收回权限并删除账号,具体要求如下。

1. 创建一个开发人员账号 loandev,密码为 loan2022。

2. 使用 GRANT 语句为 loandev 授予数据库 credit 的查询、插入、更新权限。

3. 回收 loandev 的插入权限。

4. 删除账号 loandev。

请填写表 8.2 所示的信贷管理系统数据库用户与权限管理任务书。

表 8.2　信贷管理系统数据库用户与权限管理任务书

信贷管理系统数据库用户与权限管理任务书			
姓　　名		学　　号	
专　　业		班　　级	
任务要求	1. 课前自行预习任务一中的任务知识 2. 通过线上或线下的形式查阅数据库用户与权限管理的相关资料 3. 完成信贷管理系统用户创建与权限管理，并填写在"任务内容"一栏中 4. 制作 PPT，在课堂上对用户与权限管理进行汇报		
任务内容			

任务二　数据库备份与恢复

【任务要求】

知识要求：掌握数据库备份与恢复的相关知识。
实施要求：根据任务要求完成信贷管理系统数据库的备份与恢复。
技术要求：具备数据库的备份与恢复技能。

【任务实施】

（1）课前，教师发布信贷管理系统数据库备份与恢复任务书，学生根据任务书查阅数据库备份与恢复的相关资料，根据任务知识初步完成数据库备份与恢复相关技术文档的撰写。

（2）课上，教师对学生的相关技术文档进行评讲。

（3）课后，学生根据教师点评完善数据库备份与恢复操作。

【任务知识】

MySQL 数据库管理系统通常会采用有效措施来维护数据库的可靠性和完整性，但是在数据库的实际使用过程中，仍有一些不可预估的因素会造成数据库运行异常中断，从而影响数据的正确性，甚至会破坏数据库，导致数据库中的数据部分或全部丢失。

数据库系统提供了备份和恢复策略来保证数据的可靠性和完整性。

知识 8.2.1　数据库备份

数据库备份是指通过导出数据或复制表文件的方式来制作数据库的副本。当数据库出现故障或遭到破坏时，可以将备份的数据库加载到系统中，使数据库从错误状态恢复到备份时的正确状态。

数据库备份有四种方法，下面只介绍两种常用的方法，分别是使用 Navicat 图形化管理工具和 mysqldump 命令。

在 MySQL 中使用 mysqldump 命令备份数据库的基本格式如下。

```
mysqldump -u user -h host -ppassword dbname[tbname,[…]]>filename.sql;
```

参数说明如下。

（1）user 表示登录用户的名称。

（2）host 表示登录用户的主机名称。

（3）password 表示登录密码。在使用此参数时，"-p"和"password"之间不能有空格。

（4）dbname 表示需要备份的数据库名称。

（5）tbname 表示 dbname 数据库中需要备份的数据表，可以指定多个需要备份的表。如果缺少该参数，则表示备份整个数据库。

（6）filename.sql 表示备份文件的名称，其中包括该文件所在路径。

另外，mysqldump 是 MySQL 数据库系统的外部命令，需要在命令提示符下执行。

【例 8.7】使用 Navicat 图形化管理工具对 test_db 数据库进行备份，备份文件名称为"testdb 2022"。

步骤 1：在 Navicat for MySQL 平台下单击工具栏中的"备份"按钮。

步骤 2：在"对象"区域的工具栏中单击"新建备份"按钮，如图 8.3 所示。

图 8.3　新建备份

步骤 3：在"新建备份"窗口中切换到"常规"选项卡，设置备份数据库的注释为"备份

test_db 数据库"，如图 8.4 所示。

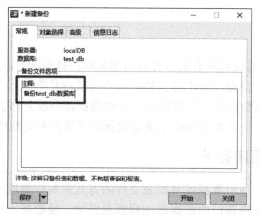

图 8.4　设置备份数据库的注释

步骤 4：切换到"对象选择"选项卡，选择备份数据库对象为"表"，如图 8.5 所示。

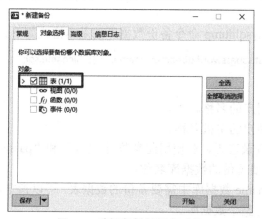

图 8.5　选择备份数据库对象

步骤 5：切换到"高级"选项卡，勾选"锁住全部表"选项，在"使用指定文件名"下的文本框中输入备份文件名"testdb2022"，如图 8.6 所示。

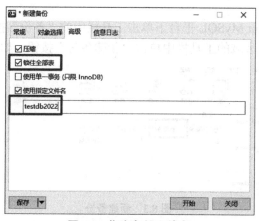

图 8.6　指定备份文件名

步骤 6：单击"开始"按钮，自动切换到"信息日志"选项卡并开始备份过程，同时会显示相应的提示信息。

步骤 7：单击"保存"按钮，会弹出的"配置文件名"对话框，在该对话框中输入设置文件名"testdb_backup2022"并单击"确定"按钮，如图 8.7 所示。

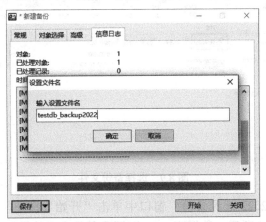

图 8.7　输入设置文件名

步骤 8：备份操作完成后，Navicat for MySQL 平台的主窗口右侧区域会显示备份文件列表，如图 8.8 所示。选中备份文件"testdb2022"后单击鼠标右键，在弹出的快捷菜单中选择"在文件夹中显示"，即可打开备份文件所在的文件夹。

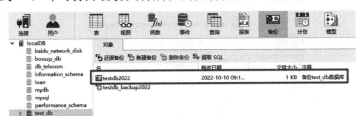

图 8.8　备份文件列表

知识 8.2.2　数据库恢复

数据库恢复是指让数据库根据备份的数据回到备份时的状态。当数据丢失或被意外破坏时，可以恢复已经备份的数据，尽量减少数据丢失和破坏。

常用的数据库恢复方法有两种，一种是使用 Navicat 图形化管理工具，另一种是使用mysql 命令。在 MySQL 中使用 mysql 命令恢复数据库的语法格式如下。

```
mysql -u user -ppassword [dbname]<filename.sql;
```

语法说明如下。

（1）dbname 表示数据库名称，该参数是可选参数。如果指定数据库名称，表示恢复该数据库中的表；不指定数据库名称时，则恢复特定的数据库。如果 filename.sql 文件是 mysqldump工具创建的备份文件，则执行时不需要指定数据库名称。

（2）mysql 是 MySQL 数据库系统的外部命令，需要在命令提示符下执行。

【例 8.8】使用 Navicat 图形化管理工具恢复例 8.7 中备份的"testdb2022"。

步骤 1：在 Navicat for MySQL 平台中单击工具栏中的"备份"按钮。

步骤 2：在"对象"区域的备份文件列表中选择备份文件"testdb2022"，单击"还原备份"按钮，如图 8.9 所示。

图 8.9　选择备份文件

步骤 3：在"testdb2022-还原备份"窗口中单击"开始"按钮，在弹出的对话框中单击"确定"按钮，如图 8.10 所示。数据库 test_db 还原备份完成的界面如图 8.11 所示。

图 8.10　还原数据库 test_db

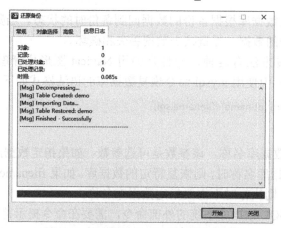

图 8.11　数据库 test_db 还原备份完成

【任务实战】

任务二介绍了数据库备份与恢复的相关知识，接下来请完成信贷管理系统数据库 credit 的备份与恢复，填写表 8.3 所示的信贷管理系统数据库备份与恢复任务书。

表 8.3　信贷管理系统数据库备份与恢复任务书

信贷管理系统数据库备份与恢复任务书			
姓　　名		学　　号	
专　　业		班　　级	
任务要求	1. 课前自行预习任务二中的任务知识 2. 通过线上或线下的形式查阅数据库备份与恢复的相关资料 3. 完成信贷管理系统数据库 credit 的备份与恢复，并填写在"任务内容"一栏中 4. 制作 PPT，在课堂上对数据库备份与恢复进行汇报		
任务内容			

任务三　数据库性能优化

【任务要求】

知识要求：掌握数据库性能优化的方法。
实施要求：根据任务要求完成信贷管理系统数据库性能优化。
技术要求：具备数据库性能优化的技能。

【任务实施】

（1）课前，教师发布信贷管理系统数据库性能优化任务书，学生根据任务书查阅数据库性能优化的相关资料，根据任务知识初步完成数据库性能优化相关技术文档的撰写。
（2）课上，教师对学生的相关技术文档进行评讲。

（3）课后，学生根据教师点评完善信贷管理系统数据库性能优化的相关技术文档。

【任务知识】

知识 8.3.1　数据库优化目标

在大多数情况下，数据库的操作性能成为整个应用的性能瓶颈。数据库的性能是程序员需要关注的事情，在设计数据库的表结构以及操作数据库（尤其是查询数据）时，需要注意数据库的操作性能。

1　减少 IO 操作的次数

IO 操作是数据库最容易出现瓶颈的地方，这是由数据库的职责决定的。数据库操作中超过 90%的时间被 IO 操作占用，因此减少 IO 操作次数是效果最明显的优化手段。

2　降低 CPU 运算量

除了 IO 瓶颈，数据库优化中需要考虑的是 CPU 运算量的优化。ORDER BY、GROUP BY、DISTINCT 等操作都是 CPU 处理内存中的数据比较运算，当 IO 优化做到一定程度后，降低 CPU 运算量成为数据库优化的重要目标。

知识 8.3.2　数据库优化方法

1　SQL 语句优化

对于 SQL 语句来说，达到上述 2 个优化目标的方法其实只有一个，那就是改变 SQL 的执行计划，尽量"少走弯路"，通过各种"捷径"来找到需要的数据，以达到减少 IO 操作次数和降低 CPU 运算量的目标。SQL 语句优化的方法有以下几种。

（1）尽量少用多表连接查询。对于复杂的多表连接，MySQL 的性能表现与 Oracle 等关系型数据库有一定差距。但如果是简单的单表查询，这一差距就会极小甚至在有些场景下 MySQL 要优于 Oracle 等数据库。

（2）尽量少进行排序操作。排序操作会消耗较多的 CPU 资源，所以减少排序可以在一定程度上优化数据库。

（3）尽量避免 SELECT 语句，同时尽量用 JOIN 语句代替子查询。

（4）尽量少使用 OR 关键字。

（5）尽量用 UNION ALL 代替 UNION。UNION 和 UNION ALL 的差异主要是前者需要将两个（或者多个）结果集合并后再进行唯一性过滤操作，这会增加大量的 CPU 运算，增加资源消耗及延迟。

综上所述，SQL 语句优化需要从全局出发，而不是只进行片面调整。SQL 语句优化不能单独针对某一个语句进行，而应充分考虑系统中所有的 SQL 语句。

2　表结构优化

MySQL 数据库是基于行（Row）存储的数据库，而数据库进行 IO 操作时基于 Page。如果每条记录所占用的空间量减小，就会使每个 Page 可存放的数据行数增大，每次 IO 操作可访问的行数也会增多；反过来说，处理相同行数的数据需要访问的 Page 数就会减少，也就是 IO 操作次数降低，进而提升性能。

通过以下几种方法能进行表结构优化。

（1）数据行的长度不要超过 8020 字节，否则数据会占用两行从而造成存储碎片，降低查询效率。

（2）字段的长度在满足需要的前提下，应该尽可能短一些，这样可以提高查询效率，在建立索引时也可以减少资源消耗。

（3）数字类型尽量不要使用 double 类型，否则会影响数据的精确性。

（4）长度固定的字符应使用 char( ) 类型，长度不固定的字段应尽量使用 varchar( ) 类型。

（5）时间类型应尽量选择 timestamp 类型，因为其存储空间只需要 datetime 类型的一半。

（6）对于只需要精确到某一天的数据类型，应尽量选择 date 类型，因为其存储空间只需要 3 个字节。

3　数据库架构优化

近年来，随着数据量的增长，分布式数据库技术也得到了快速发展，传统的关系型数据库从集中式计算走向分布式计算，从而使 MySQL 数据库拥有负载均衡、读写分离、数据切分等优化方法。

分布式数据库是指利用高速网络将物理上分散的多个数据存储单元连接起来组成一个逻辑上统一的数据库，其基本思想是将原来集中式数据库中的数据分散存储到多个通过网络连接的数据存储节点上，从而获得更大的存储容量和更高的并发访问量。

分布式数据库系统的主要目的是异地数据备份，通过就近访问原则用户可以就近访问数据库节点，这样就实现了异地的负载均衡。同时，数据库之间的数据传输同步可以保持数据的一致性并完成数据备份。

【任务实战】

本任务介绍了 MySQL 中数据库优化的目标和方法，接下来请完成信贷管理系统数据库 credit 的性能优化，并填写表 8.4 所示的信贷管理系统数据库性能优化任务书。

表 8.4　信贷管理系统数据库性能优化任务书

信贷管理系统数据库性能优化任务书			
姓　　名		学　　号	
专　　业		班　　级	
任务要求	1. 课前自行预习任务三中的任务知识 2. 通过线上或线下的形式查阅数据库性能优化的相关资料 3. 完成信贷管理系统数据库性能优化，并填写在"任务内容"一栏中 4. 制作 PPT，在课堂上对数据库性能优化方案进行汇报		
任务内容			

【项目小结】

本项目介绍了 MySQL 中用户与权限管理、数据备份与恢复、数据库性能优化的知识和方法。通过这些内容的学习，学生应该掌握以下内容。

1. 使用 CREATE USER 语句创建用户账号和指定密码的方法。
2. MySQL 中的权限可以分为 4 个级别，用户可根据需要为不用的用户分配不同的权限。
3. Navicat 图形化管理工具的备份与恢复操作。
4. 数据库性能优化的两个目标。
5. 数据库性能优化的方法。

【提升练习】

一、填空题

1. MySQL 的权限表共有五个，分别是_____、_____、_____、_____和_____。
2. 在 MySQL 中进行授权使用_____语句，收回权限使用_____语句。

二、简答题

1. 什么是数据库的安全性？
2. 使用 GRANT 语句授予用户权限时，可以分为哪些层级？

项目九　信贷管理系统数据库设计

★ 知识目标

（1）了解信贷处理的业务流程

（2）了解数据库设计的基本方法

（3）了解数据库设计工具的使用方法

（4）了解数据库中的基本概念

（5）了解数据库概念模型、逻辑模型、物理模型的区别

★ 技能目标

（1）能够利用 Visio 等流程设计工具进行业务流程设计

（2）能够利用 PowerDesigner 等数据库设计工具进行建模

（3）能够根据信贷处理流程设计数据表的关联关系

（4）能够在 MySQL 中合理设计数据库，并处理好数据冗余问题，优化数据库性能

★ 素养目标

（1）树立严谨、科学、细心的数据库设计观念

（2）提升学习能力

（3）培养信息安全职业道德和数据库安全意识

（4）培养严谨、细心、精益求精、不断创新的精神

★ 教学重点

（1）数据库的需求分析

（2）数据库的概念模型设计

（3）数据库的逻辑模型设计

（4）数据库的物理模型设计

任务一　信贷管理系统数据库需求分析

【任务要求】

本任务根据信贷管理系统的需求规格说明书确认系统的业务框架、业务流程及用户需求，

并采用 DFD 方法或 UML 方法进行数据建模，得到数据字典。

【任务知识】

知识 9.1.1　DFD 方法

数据流图（Data Flow Diagram，DFD）是便于用户理解系统数据流程的图形表示，是系统逻辑模型的重要组成部分。DFD 方法的核心是数据流，它能精确地从逻辑上描述系统的功能、输入、输出和数据存储等，摆脱了物理内容。

DFD 主要包括外部实体（外部项）、处理过程、数据流和数据存储。外部实体是指系统之外和系统有联系的人或者事物，说明了数据的外部来源和去处；处理过程是指对数据逻辑进行处理，也就是数据变换，用来改变数据的值；数据流是指处理功能的输入和输出；数据存储表示数据保存的地方，用来存储数据。

在 DFD 方法中，数据流用箭头表示，处理过程用矩形表示，数据存储用圆角矩形表示，外部实体用平行四边形表示。

DFD 主要有以下特性。

（1）抽象性。在 DFD 中，具体的组织机构、工作场所、物质流等都已经去掉，只剩下信息和数据存储、流动、使用以及加工的情况，描述的是抽象数据。

（2）概括性。DFD 把系统对各种业务的处理过程联系起来考虑，形成一个总体，可以反映数据流之间的概括情况。

知识 9.1.2　UML 方法

统一建模语言（Unified Modeling Language，UML）又称为标准建模语言，是用来对软件密集系统进行可视化建模的一种语言。UML 的定义包括 UML 语义和 UML 表示法两个元素。

UML 的最佳应用是工程实践，对大规模的复杂系统进行建模特别是在软件架构层次，已经被验证有效。UML 大多以图表的方式表现出来，一份典型的建模图表通常包含几个块或框。

知识 9.1.3　数据字典

数据字典是各类数据描述的集合，是进行详细的数据收集和分析后获得的主要成果。数据字典在数据库设计中占有很重要的地位，通常包括以下几部分。

（1）数据项

数据项是不可再分的数据单位，它的描述为：数据项={数据项名，说明，别名，类型，长度，取值范围，与其他数据项的逻辑关系}。"取值范围"和"与其他数据项的逻辑关系"定义了数据的完整性约束条件，是设计数据完整性检验功能的依据。

（2）数据结构

数据结构的描述为：数据结构={数据结构名，说明，组成，{数据项或数据结构}}。数据结构反映了数据之间的组合关系，一个数据结构可以由若干个数据项组成，也可以由若干个数据结构组成，或者由若干数据项和数据结构混合组成。

（3）数据流

数据流的描述通常为：数据流={数据流名，说明，流出过程，流入过程，组成，平均流量，高峰期流量}。"流出过程"说明该数据流来自哪个过程；"流入过程"说明该数据流将去往哪个过程；"平均流量"是指在单位时间（每天、每周、每月等）里传输的次数；"高峰期流量"是指高峰时期的数据流量。

（4）数据存储

数据存储是数据及其结构停留或保存的地方，也是数据流的来源和去向之一。数据存储可以是手工文档、手工凭单或计算机文档。

数据存储的描述通常为：数据存储={数据存储名，说明，编号，输入的数据流，输出的数据流，组成，数据量，存取频率，存取方式}。"数据量"说明每次存取多少数据；"存取频率"说明单位时间内存取几次、每次存取多少数据等；"存取方式"表示是批处理还是联机处理，是检索还是更新，是顺序检索还是随机检索等；"输入的数据流"说明数据的来源；"输出的数据流"说明数据的去向。

（5）处理过程

处理过程的具体处理逻辑一般用判定表或判定树来描述。处理过程的描述通常为：处理过程＝{处理过程名，说明，输入数据流，输出数据流，处理}。

需求和分析阶段收集到的基础数据用数据字典和一组数据流图表达，它们是下一步进行概念设计的基础。数据字典能够对系统数据的各个层次和各个方面进行精确和详尽的描述，并把数据和处理过程有机地结合起来，使概念结构的设计变得相对容易。

【任务实施】

1　项目步骤

（1）根据信贷管理系统的需求规格说明书，分析总体业务流程，形成业务流程图和总体业务模型图。

（2）根据信贷管理系统的业务流程和总体业务模型，完成概念设计。

（3）根据概念设计进一步形成逻辑结构设计。

（4）根据逻辑结构设计进一步形成物理结构设计。

2　系统总体架构设计

信贷管理系统包括系统支撑层、基础层和业务层，总体架构如图9.1所示。

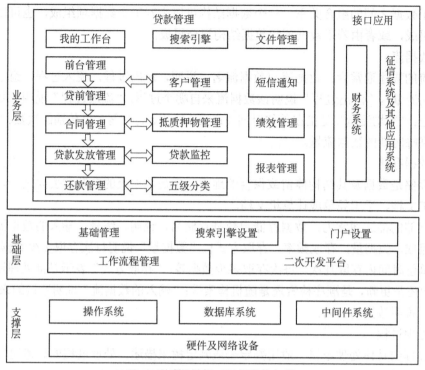

图 9.1 信贷管理系统的总体架构

（1）进行表 9.1 所示的业务视角需求描述。

表 9.1 业务视角需求描述

序号	业务类型	概述
1	业务范围	按贷款方式分为信用、保证、抵质押贷款等； 按资金来源分为自营和委托
2	贷款基本程序	受理贷款申请→贷款调查→信用评价→贷款审查→贷款审议和审批→签订贷款合同及办理相关手续→贷款发放→贷款监管→贷款收回→贷款总结评价
3	贷款审批过程描述	受理贷款申请后，由客户部负责人指定客户经理对该笔贷款进行调查，同时指定一名协办客户经理； 客户经理调查完成后对贷款人进行信用评价，评估出贷款额度、利率、还款方式等； 审查人进行贷款审查，对该笔贷款的额度、利率等提出建议； 风险总监对该笔贷款进行审批，确定贷或不贷； 超过风险总监审批权限的贷款，提交贷款审查委员会审议通过，由总经理审批
4	自动计算信用评价系数和授信额度	根据信用评价模板和授信额度计算公式自动计算信用评价系数和授信额度
5	抵质押物相关权利凭证管理	抵押物产权文件、权利凭证交公司保管； 质押实物由客户经理监管
6	贷后检查	30 万元以上的贷款应在放款后 5 个工作日内进行首次跟踪检查； 公司类贷款、个体工商户及其他经济组织的贷款检查每月不得少于 1 次，出现重大问题应及时报告； 其他个人类贷款检查每两月不得少于 1 次

序号	业务类型	概述
7	贷款到期提醒	分为内部人员提醒和外部人员提醒； 内部人员提醒指每笔贷款到期前10天系统自动提醒客户经理即将到期的贷款； 外部人员提醒指贷款到期前10天通过贷款到期提示书或手机短信提醒贷款人和担保人
8	不良贷款管理	贷款人到期未能归还贷款或未到期结息，客户经理应在贷款逾期10天内向贷款人发出《贷款本息逾期催收通知书》、手机短信或律师函； 不良贷款的考核实行"客户经理"负责制，与客户经理收入、部门业绩结合起来，严格考核，严格奖惩
9	贷款五级分类	根据内部风险管理制度，分为正常贷款、关注贷款（利息逾期）、次级贷款（逾期10天内）、可疑贷款（逾期30天内）、损失贷款（逾期60天内）
10	客户资料及贷款档案管理	建立以客户信息、贷款管理信息为核心内容的贷款信息档案制度，为贷款管理和贷款营销提供充分的信息支持
11	绩效管理	根据发放贷款、贷款余额、预计利息总额、已收回利息、逾期笔数、逾期金额以及部门业绩等指标对客户经理进行考核
12	打印	支持套打； 打印抵质押物保管单据、借据、还款凭证等
13	财务管理	对贷款业务过程中发放的贷款本金、收回的贷款本金和利息进行记账及财务核算
14	信贷分析	对客户信息、贷款信息、贷后监管信息等进行综合分析和可视化展现

（2）进行表9.2所示的岗位视角需求描述。

表9.2 岗位视角需求描述

序号	岗位	工作概述
1	大堂经理或前台	接待到访的贷款客户； 记录客户信息及贷款需求，并将贷款需求反映给信贷部门
2	客户经理	进行贷款调查，接受客户部负责人的分配，调查贷款人的各种情况，最终测算出贷款额度、期限，得出还款方式、利率、贷款用途、风险防范等建议； 对已经同意发放的贷款，与贷款人签订贷款合同及相关附件文件，办理抵质押物登记和入库手续，将抵质押物使用证书和权利凭证等移交出纳管理； 与贷款人签订借据，将合同及附属文件、借据、贷款审批批文等移交风险管理部进行法律审查； 对已经贷出的贷款按公司要求做贷后检查； 贷款到期前10天向贷款人发送《贷款到期提示书》和手机短信，并通知担保人； 贷款逾期10天内向贷款人发送《贷款本息逾期催收通知书》、手机短信或律师函； 对贷款调查过程和贷后检查过程中客户信息的变动进行档案记录
3	风险审查	确认贷款人资料和贷款调查资料的完整性，调查资料不全或调查认定意见不完整、不准确的，应及时将有关资料退回； 依据有关法规、政策和制度，逐项核准调查岗位人员认定意见的合理性和准确性，出具贷或不贷以及贷款金额、期限、利率、贷款方式、还款方式等建议的审查报告，经部门负责人审核后，报风险总监审批； 复测贷款人和担保人的信用
4	风险总监	负责审批额度范围内的所有贷款，确定贷或不贷，并将审批结果通知客户经理

序号	岗位	工作概述
5	贷款审查委员会	审议超过一定额度的贷款，提出贷或不贷、贷款金额、期限、利率、贷款方式等终审意见
6	总经理	审批贷款审查委员会通过的贷款
7	董事长	查询公司的经营、管理情况及所有贷款记录
8	法律审查	审查客户经理移交的合同及附属文件、借据、贷款审批批文等，审查通过后报总经理审核，并通知财务部门放款
9	出纳/会计	接到放款通知后，及时向贷款人发放贷款； 收到贷款人还款后，向贷款人开具还款凭证； 保管抵质押物使用凭证、权利凭证等，并开具保管收据； 管理客户档案

3 核心业务流程分析

信贷管理过程中的核心业务流程包括贷款审批流程和贷款发放流程，如图 9.2 和图 9.3 所示。

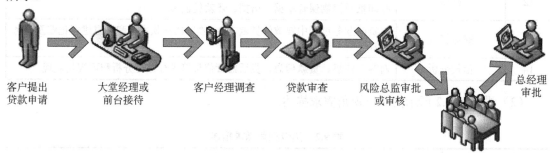

图 9.2 贷款审批流程

图 9.3 贷款发放流程

4 核心数据字典

在实际的数据库系统中，数据字典是作为一种特殊的数据来进行管理的，用模型来描述。用来描述数据字典的模型称为元元模型，这种模型的抽象程度更高，一般随着数据库系统的建立而建立。通过对该模型的描述，可以准确地定义不同类型的数据字典。数据字典建立之后，系统才能够执行语句。下面以客户信息为例描述数据字典。

（1）数据项

客户信息的数据项如表 9.3 所示。

表9.3　客户信息的数据项

数据项名	数据项含义	数据类型	长度	范围
客户编号	唯一标识每个客户	整数型	8	0~9999999
客户名称	标识每个客户的名称	字符型	255	
客户类型	标识每个客户的类型	字符型	255	A、AA、黑名单

（2）数据结构

数据流图中的数据结构反映了数据之间的组合关系，一个数据结构可以由若干个数据项和数据结构混合组成。部分数据结构的说明如表9.4所示。

表9.4　部分数据结构的说明

数据结构名	含义说明	组成
客户	定义一个信贷客户的信息	客户编号、客户名称、客户规模、客户行业、客户类型、信用等级、联系人、联系地址等
项目	定义一笔信贷项目的信息	项目编号、客户编号、贷款金额、贷款周期、还款来源、抵押物信息、计息方式、客户经理编号等
抵押物	定义一个抵押物的信息	物品编号、所属客户、抵押物类别、原值、现值等

（3）数据流

数据流是数据结构在系统内传输的路径，部分数据流的说明如表9.5所示。

表9.5　部分数据流的说明

数据流名	说明	数据流去向	组成
贷款申请信息	贷款客户发起贷款申请	贷款审批	申请编号、客户名称、贷款金额、申请日期、申请期限等
放款申请信息	客户经理发起放款申请	风控审批	放款金额、放款日期、计息方式等

（4）数据存储

数据存储是数据结构停留或保存的地方，也是数据流的来源和去向之一。部分数据存储的说明如表9.6所示。

表9.6　部分数据存储的说明

数据存储名	说明	输入数据流	输出数据流	组成	存储方式
信贷项目表	记录每一个贷款项目	申请编号、业务品种、申请日期、申请金额、贷款期限	审批记录、放款信息	审批人、审批结果	按申请日期顺序存储

（5）处理过程

数据流图中部分处理过程的说明如表9.7所示。

表9.7　数据流图中部分处理过程的说明

处理过程名	说明	输入数据流	输出数据流	处理
客户经理调查	审查客户的信用等级	客户信息、抵押物信息	是否满足信贷准入条件	根据客户的行业背景、抵押物等确定是否准入
贷款审查	风控经理进行审查	贷款申请信息	批准的信贷额度	根据客户的行业背景、抵押物、历史贷款信息等确定贷款额度

【任务实战】

进行需求分析后，参照贷前和贷后处理的数据字典表，完成贷后风险预警处理的数据字典。

任务二　信贷管理系统数据库概念模型设计

【任务要求】

本任务主要完成信贷管理系统的数据库概念模型设计，重点是 E-R 图的设计。

【任务知识】

概念模型设计的典型方法是 E-R（Entity-Relationship）方法，即用实体—联系模型表示。

E-R 方法使用 E-R 图来描述现实世界，包含 3 个基本组成部分：实体、联系、属性。E-R 图直观易懂，能够比较准确地反映现实世界的信息联系，且能从概念上表示数据库的信息组织情况。

实体是指客观世界存在的事物，可以是人或物，也可以是抽象的概念。例如，信贷管理系统的"客户""信贷项目""放款记录"等都是实体。

联系是指客观世界中实体与实体之间的联系，联系的类型有 3 种：一对一、一对多、多对多。例如，贷款客户与贷款申请为一对多的联系，即一个贷款客户有多个贷款申请，每个贷款申请只属于某个贷款客户；贷款客户与业务品种之间为多对多的联系，即一个贷款客户可以选择多个业务品种，一个业务品种也可以被多个贷款客户选择。贷款客户与业务品种之间的 E-R 联系如图 9.4 所示。

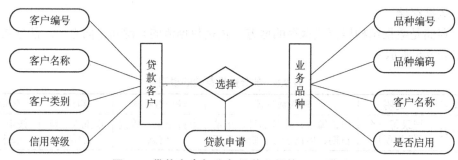

图 9.4　贷款客户与业务品种之间的 E-R 联系

【任务实施】

1　确定实体

根据业务分析可知，信贷管理系统主要对贷款客户、业务品种、信贷申请、信贷审批、还款处理等实现有效管理，实现信贷申请发起、准入审批、信贷额度审批、抵押物登记、放款、还款等操作。进行需求分析后，可以确定系统涉及的实体主要有贷款客户、抵押物、业务品种、信贷项目等。

2 确定属性

确定实体之后，需要列举各个实体的属性，例如贷款客户的属性主要有客户编号、客户名称、客户类型、信用等级、所属行业、主要联系人、联系方式、联系地址等。

3 确定实体联系类型

实体联系类型有 3 种，需要根据具体情况分析不同的实体联系类型。

4 绘制 E-R 图

信贷管理系统中贷前管理模块的局部 E-R 图如图 9.5 所示。为了便于清晰地看出不同实体之间的联系，实体的属性没有出现在图 9.5 中。

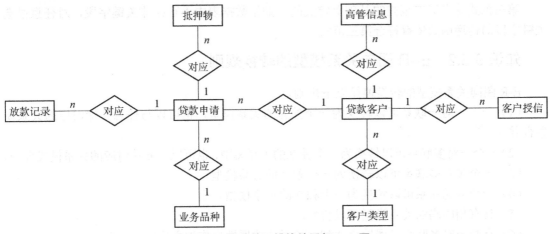

图 9.5 贷前管理模块的局部 E-R 图

【任务实战】

借鉴贷前管理模块的局部 E-R 图和信贷管理流程，完成贷后风险预警管理 E-R 图。

任务三 信贷管理系统数据库逻辑模型设计

【任务要求】

1. 设计数据库的逻辑模型，把概念模型转换成数据库支持的数据模型。
2. 将 E-R 图转换为关系模型，符合规范化要求。

【任务知识】

知识 9.3.1 数据库设计范式

关系数据库有六种范式：第一范式（1NF）、第二范式（2NF）、第三范式（3NF）、巴德斯科范式（BCNF）、第四范式（4NF）和第五范式（5NF）。满足最低要求的范式是第一范式（1NF），在第一范式的基础上进一步满足更多要求的范式称为第二范式（2NF），其余范式以此类推。在常规情况下，数据库只需要满足第三范式（3NF）即可。

（1）第一范式

数据库表中的所有字段都是单一属性、不可再分的。单一属性由基本的数据类型构成，例如整数、浮点数、字符串等。换句话说，第一范式要求数据库中的表都是二维表。

（2）第二范式

数据库的表中不存在非关键字段对任一候选关键字段的部分函数依赖。

（3）第三范式

第三范式是在第二范式的基础上定义的，如果数据表中不存在非关键字段，对任意候选关键字段的传递函数依赖符合第三范式。

知识 9.3.2　E-R 图向关系模型的转换规则

E-R 图向关系模型的转换遵循以下规则。

（1）一个一对一联系可以转换为一个独立的关系模型，也可以与任意一端对应的关系模型合并。

（2）一个一对多联系可以转换为一个独立的关系模型，也可以与 n 端对应的关系模式合并。

（3）一个多对多联系可以转换为一个独立的关系模型。

（4）一个多元联系可以转换为一个独立的关系模型。

（5）具有相同码的关系模型可以合并。

（6）有些一对多联系将属性合并到 n 端后，该属性也作为主码的一部分。

【任务实施】

1　实体转换为关系

将 E-R 图中的每一个实体转换为一个关系，实体名为关系名，实体的属性为关系的属性。例如将图 9-5 中的贷款客户实体转换为关系，则客户信息的属性有客户编号、客户名称、客户类型、所属行业、信用等级、联系人、联系方式、联系地址等，主键为客户编号；将贷款申请实体转换为关系，则贷款申请的属性有项目编号、客户编号、业务品种编号、申请日期、贷款金额、贷款用途、贷款期限、计息方式、月利率、还款方式、抵押物信息、客户经理编号等，主键为项目编号。

2　联系转换为关系

一对一联系和一对多联系不转换为关系。多对多联系转换为关系的方法是：将两个实体的主键抽取出来建立一个新关系，在新关系中根据需要加入一些属性，新关系的主键是两个实体的关键字的组合。

3　关系的规范化处理

通过对关系的规范化处理，可以尽量减少数据冗余，消除函数依赖，获得更好的关系模型，满足第三范式。

经过以上步骤，最终可以形成信贷管理系统数据库的逻辑模型，如图 9.6 所示。

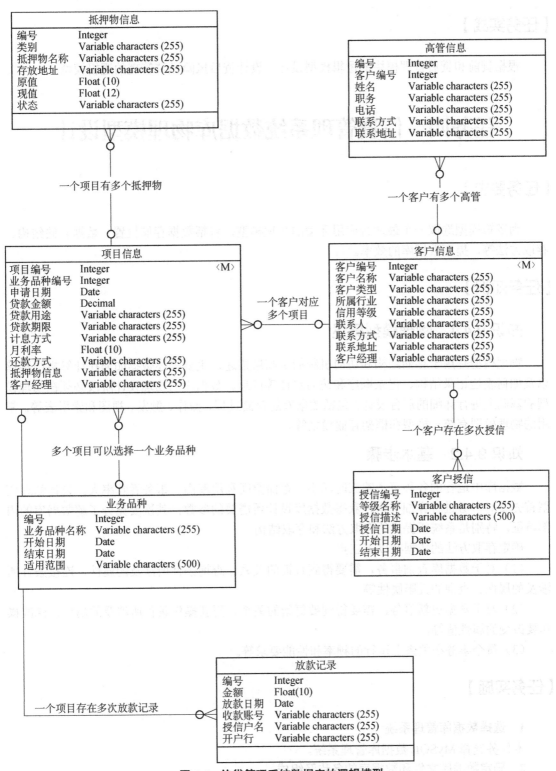

图 9.6 信贷管理系统数据库的逻辑模型

【任务实战】

根据贷前和贷后管理模块的逻辑模型设计，设计贷后风险预警管理的逻辑模型。

任务四　信贷管理系统数据库物理模型设计

【任务要求】

为逻辑模型选取一个最适合应用环境的物理模型，包括数据存储位置、数据存储结构、存取方法等，提高数据库的效率。

【任务知识】

知识 9.4.1　物理模型概述

物理模型是用于存储结构和访问机制的更高层描述，主要描述数据如何在计算机中存储以及如何表达记录结构、记录顺序和访问路径等信息。数据库的物理设计阶段必须在物理模型的基础上进行详细的后台设计，包括数据库的存储过程、操作、触发、视图和索引表等。常用的物理模型有统一模型和框架存储模型等。

知识 9.4.2　基本步骤

数据库中运行的各种事务响应时间小、存储空间利用率高、事务吞吐率大。设计物理模型首先要对事务进行详细分析，获得数据库设计所需要的参数；其次要充分了解数据库的内部特征，特别是系统所提供的存取方法和存取结构。

确定存取方法的依据有以下三点。

（1）对于数据库查询事务，需要得到查询的关系、查询条件所涉及的属性、连接条件所涉及的属性、查询的投影属性等。

（2）对于数据更新事务，需要得到被更新的关系、更新操作条件所涉及的属性、修改操作要改变的属性值等。

（3）每个事务在关系上运行的频率和性能要求等。

【任务实施】

1　选择数据库管理系统

本任务选择 MySQL 数据库管理系统。

2　确定数据库文件和数据表的名称及组成

首先，确定数据库文件的名称为"CreditDB"；其次，确定"CreditDB"数据库主要包括的数据表为客户信息、授信信息、高管信息、业务品种信息、项目信息、抵押物信息、放款信息等。

3 确定数据表应包括的字段以及字段的名称、数据类型和长度

确定数据表字段时应考虑以下问题。

（1）每个字段应直接和数据表的主题相关，必须确保数据表中的每一个字段能直接描述该表的主题，描述另一个主题的字段应属于另一张数据表。

（2）不要包含通过推导或计算可以得到的字段。例如，在"个人客户信息"数据表中可以包含"出生日期"字段，但不应该同时包含"年龄"字段，原因是可以通过出生日期计算出年龄。

（3）以最小的逻辑单元存储信息。确定数据表字段时应尽量把信息分解为比较小的逻辑单元，不要在一个字段中结合多种信息，否则之后获取独立的信息会比较困难。

4 确定关键字

主键可以唯一确定数据表中的每一条记录。例如，"客户信息"数据表中的"客户编号"是唯一的，但"客户名称"可能重复，所以"客户名称"不能作为主键。

数据库管理系统能够利用主键迅速查找多张数据表中的数据，并把这些数据组合在一起。主键中不允许出现重复值或 Null，所以不能选择包含这类值的字段作为主键。主键的长度会直接影响数据库的运行速度，因此在创建主键时，该字段的值最好使用能满足存储要求的最小长度。

5 确定数据表之间的关系

在 MySQL 中，每张数据表都是一个独立的实体，其本身具有完整的结构和功能。每张数据表不是孤立的，它与数据库中的其他数据表之间存在联系。

信贷管理系统贷前管理模块主要包括表 9.8～表 9.14 所示的数据表。

表 9.8 客户信息表

表名：cust			中文名：客户信息表			
编号	字段名	中文名	类型	长度	是否主键	备注
1	id	客户编号	int	10	是	
2	name	客户名称	varchar( )	255		
3	industry	所属行业	varchar( )	255		
4	type	客户类型	varchar( )	255		
5	level	信用等级	varchar( )	255		
6	linkman	联系人	varchar( )	255		
7	tel	联系电话	varchar( )	255		
8	addr	联系地址	varchar( )	255		
9	manager	客户经理	varchar( )	255		

表 9.9 客户授信表

表名：credit			中文名：客户授信表			
编号	字段名	中文名	类型	长度	是否主键	备注
1	id	授信编号	int	10	是	
2	cust_id	客户编号	int	10		

表名：credit			中文名：客户授信表			
编号	字段名	中文名	类型	长度	是否主键	备注
3	level	授信等级	varchar( )	255		
4	s_date	开始日期	date			
5	e_date	结束日期	date			
6	opr_date	操作日期	date			

表 9.10　高管信息表

表名：manager			中文名：高管信息表			
编号	字段名	中文名	类型	长度	是否主键	备注
1	id	编号	int	10	是	
2	cust_id	客户编号	int	10		
3	name	高管信息	varchar( )	255		
4	duty	职务	varchar( )	255		
5	tel	联系电话	varchar( )	255		
6	addr	联系地址	varchar( )	255		

表 9.11　信贷项目信息表

表名：project			中文名：信贷项目信息表			
编号	字段名	中文名	类型	长度	是否主键	备注
1	id	项目编号	int	10	是	
2	cust_id	客户编号	int	10		
3	prod_id	业务品种编号	int	10		
4	app_data	申请日期	date			
5	money	贷款金额	double	12		
6	used	贷款用途	varchar( )	255		
7	limited	贷款期限	int	10		
8	inte_type	计息方式	varchar( )	255		
9	rate	月利率	double	12		
10	pay_type	还款方式	varchar( )	255		
11	pledge	抵押物	varchar( )	255		
12	manager	客户经理	varchar( )	255		

表 9.12　业务品种信息表

表名：product			中文名：业务品种信息表			
编号	字段名	中文名	类型	长度	是否主键	备注
1	id	编号	int	10	是	
2	name	业务品种名	varchar( )	255		

表名：product			中文名：业务品种信息表			
编号	字段名	中文名	类型	长度	是否主键	备注
3	s_date	开始日期	date			
4	e_date	结束日期	date			
5	scope	适用范围	varchar( )	255		

表 9.13　抵押物信息表

表名：pledge			中文名：抵押物信息表			
编号	字段名	中文名	类型	长度	是否主键	备注
1	id	编号	int	10	是	
2	name	抵押物名	varchar( )	255		
3	proj_id	项目编号	int	10		
4	addr	存放地址	varchar( )	255		
5	orig_val	原值	double	12		
6	pres_val	现值	double	12		
7	status	状态	varchar( )	255		

表 9.14　放款信息表

表名：loan			中文名：放款信息表			
编号	字段名	中文名	类型	长度	是否主键	备注
1	id	编号	int	10	是	
2	proj_id	项目编号	int	10		
3	money	放款金额	double	12		
4	loan_date	放款日期	date			
5	acco_name	收款户名	varchar( )	255		
6	acco_card	收款账号	varchar( )	255		
7	acco_bank	开户行	varchar( )	255		

信贷管理系统贷后管理模块主要包括表 9.15～9.25 所示的数据表。

表 9.15　各城市/年份贷款信息表

表名：city_loan			中文名：各城市/年份贷款信息表			
编号	字段名	中文名	类型	长度	是否主键	备注
1	id	编号	int	10	是	
2	city	城市	varchar( )	255		
3	year	年份	varchar( )	255		
4	allloanbum	贷款人数	int	10		

续表

表名：city_loan			中文名：各城市/年份贷款信息表			
编号	字段名	中文名	类型	长度	是否主键	备注
5	goodloannum	信用好人数	int	10		
6	badloannumL	信用差人数	int	10		
7	otherloannum	信用中等人数	int	10		
8	loanmoney	贷款金额	int	10		

表 9.16　各等级贷款人数表

表名：every_grade			中文名：各等级贷款人数表			
编号	字段名	中文名	类型	长度	是否主键	备注
1	id	编号	int	10	是	
2	grade	等级	varchar( )	255		
3	num	贷款人数	int	10		

表 9.17　城市/年份贷款人数表

表名：city_num_year			中文名：城市/年份贷款人数表			
编号	字段名	中文名	类型	长度	是否主键	备注
1	id	编号	int	10	是	
2	year	年份	varchar( )	255		
3	city	城市	varchar( )	255		
4	num	贷款人数	int	10		

表 9.18　信用差城市 Top10 表

表名：year_badgrant_top			中文名：信用差城市 Top10 表			
编号	字段名	中文名	类型	长度	是否主键	备注
1	id	编号	int	10	是	
2	city	城市	varchar( )	255		
3	num	数量	int	10		

表 9.19　信用好城市 Top10 表

表名：year_goodgrant_top			中文名：信用好城市 Top10 表			
编号	字段名	中文名	类型	长度	是否主键	备注
1	id	编号	int	10	是	
2	city	城市	varchar( )	255		
3	num	数量	int	10		

表 9.20　年平均单笔贷款额度表

表名：year_goodgrant_top			中文名：年平均单笔贷款额度表			
编号	字段名	中文名	类型	长度	是否主键	备注
1	id	编号	int	10	是	
2	year	年份	varchar( )	255		
3	amount	数量	double	12		

表 9.21　贷款等级与不良贷款记录分析表

表名：grades_status			中文名：贷款等级与不良贷款记录分析表			
编号	字段名	中文名	类型	长度	是否主键	备注
1	id	编号	int	10	是	
2	grade	等级	varchar( )	255		
3	status	贷款状态	varchar( )	255		
4	num	贷款数量	int	10		
5	account	占比	varchar( )	255		

表 9.22　各城市违约人数表

表名：city_status			中文名：各城市违约人数表			
编号	字段名	中文名	类型	长度	是否主键	备注
1	id	编号	int	10	是	
2	city	城市	varchar( )	255		
3	status	贷款状态	varchar( )	255		
4	num	贷款数量	double	12		

表 9.23　年收入与贷款状态分析表

表名：year_goodgrant_top			中文名：年收入与贷款状态分析表			
编号	字段名	中文名	类型	长度	是否主键	备注
1	id	编号	int	10	是	
2	income	收入水平类型	varchar( )	255		
3	status	贷款状态	varchar( )	255		
4	num	人数	int	10		

表 9.24　工作年限与贷款状态分析表

表名：length_status			中文名：工作年限与贷款状态分析表			
编号	字段名	中文名	类型	长度	是否主键	备注
1	id	编号	int	10	是	
2	length	工作年限	varchar( )	255		

续表

表名：length_status			中文名：工作年限与贷款状态分析表			
编号	字段名	中文名	类型	长度	是否主键	备注
3	status	贷款状态	varchar( )	255		
4	num	人数	int	10		

表 9.25　通过贷款男女比例统计表

表名：year_goodgrant_top			中文名：通过贷款男女比例统计表			
编号	字段名	中文名	类型	长度	是否主键	备注
1	id	编号	int	10	是	
2	sex	性别	varchar( )	255		
3	count	数量	int	10		

【任务实战】

请参照贷前管理模块和贷后管理模块的物理模型，设计风险预警管理的物理模型。

【项目小结】

本项目主要介绍了信贷管理系统数据库设计的总体需求，并介绍了信贷管理系统的数据概念模型，重点介绍了 E-R 图的设计方法和步骤，同时介绍了设计数据库逻辑模型的过程。

【提升练习】

请根据问题描述，完成相应的 SQL 语句和数据表设计。（以下问题均假设已经登录 MySQL，题目之间有相应的顺序，请确保命名方式一致。）

1. 显示当前系统的所有数据库，并创建名称为 credit 的数据库，字符编码为 utf8，并将 credit 设置为默认数据库。

2. 系统包含以下实体，请创建相应的数据表。字段描述中并未给出相应的主键和外键，请自行设计每个实体的主键和相应的外键关联字段。

（1）"客户"与"客户授信"之间存在一对多的关系，即一个客户可能存在多次授信。

（2）"客户"与"抵押物"之间存在一对多的关系，即一个客户可能存在多种或多个抵押物。

（3）"客户"与"风险评级"之间存在一对多的关系，即一个客户可能存在多次风险评级。

（4）"信贷项目"与"客户"之间存在一对多的关系，即一个客户可能存在多次信贷项目申请。

（5）"信贷项目"与"放款记录"之间存在一对多的关系，即一个信贷项目所涉及的信贷金额可能分多笔放款。

（6）"信贷项目"与"还款方式"之间存在多对多的关系，即一个项目存在多次放款，每次放款的还款方式可能存在差异（包括等额本息、等额本金等）。

（7）"信贷项目"与"贷后检查记录"之间存在一对多的关系，即一个项目存在多次检查记录，每次检查记录存在差异。

（8）"信贷项目"与"五级分类"之间存在一对多的关系，即一个项目的不同阶段存在差异化的五级分类结果（正常贷款、关注贷款、次级贷款、可疑贷款、损失贷款）。

参考文献

［1］陈尧妃. 数据库技术与应用（MySQL）［M］. 北京：高等教育出版社，2021.

［2］黄翔，刘艳.MySQL 数据库技术［M］. 北京：高等教育出版社，2019.

［3］张巧荣，王娟，邵超.MySQL 数据库管理与应用（微课版）［M］. 北京：人民邮电出版社，2022.

［4］李锡辉，王敏.MySQL 数据库技术与项目应用教程（微课版）［M］.2 版. 北京：人民邮电出版社，2022.

［5］王珊，李盛恩. 数据库基础与应用（微课版）［M］.3 版. 北京：人民邮电出版社，2022.

［6］李圆，林世鑫.MySQL 数据库技术基础与项目应用实践［M］. 北京：电子工业出版社，2022.

［7］刘芳.MySQL 数据库技术及应用项目教程［M］. 北京：电子工业出版社，2021.

［8］张丽娜，汪泽斌. 数据库管理与应用立体化教程［M］. 北京：电子工业出版社，2021.

［9］刘文，王彤宇. 数据库管理与应用（MySQL）［M］. 北京：清华大学出版社，2022.

［10］赵明渊. 数据库原理与应用（基于 MySQL）［M］. 北京：清华大学出版社，2022.